电脑
组装 | 选购 | 操作
维护 | 维修
从 入 门 到 精 通

王凤英
郭绍义 著

U0304436

天津出版传媒集团

天津科学技术出版社

图书在版编目（CIP）数据

电脑组装、选购、操作、维护、维修从入门到精通 /
王凤英，郭绍义著. -- 天津：天津科学技术出版社，
2022.7（2023.10重印）

ISBN 978-7-5742-0272-6

Ⅰ. ①电… Ⅱ. ①王… ②郭… Ⅲ. ①电子计算机-
组装②电子计算机-维修 Ⅳ. ①TP30

中国版本图书馆CIP数据核字(2022)第110433号

电脑组装、选购、操作、维护、维修从入门到精通
DIANNAO ZUZHUANG、XUANGOU、CAOZUO、WEIHU、WEIXIU CONG RUMEN DAO JINGTONG
责任编辑：刘　磊

出　　版：天津出版传媒集团
　　　　　天津科学技术出版社
地　　址：天津市西康路35号
邮　　编：300051
电　　话：(022) 23332695
发　　行：新华书店经销
印　　刷：天宇万达印刷有限公司

开本 710×1000　　1/16　　印张 15　　字数 180 000
2023年10月第1版第2次印刷
定价：48.00元

前言

随着"互联网+"时代的到来，电脑已经成为人们工作、学习以及日常生活中不可或缺的工具，掌握电脑选购及组装知识，正确、熟练地操作、维护电脑已成为每个人需要掌握的基本技能。

本书从读者的实际需要出发，充分考虑不同的电脑用户的接受能力与实践能力，合理安排内容结构，由浅入深，循序渐进。书中的语言通俗易懂，图文并茂，并包含大量案例及详细的实操步骤。而且几乎每章都包含"专题分享"小节，为读者提炼重点的专题知识及操作方法。本书讲解内容全面，涵盖了当前大多数流行的软件工具使用方法及电脑常见问题的解决技巧。

全书共分5篇18章，介绍电脑选购、电脑组装、电脑操作、电脑维护以及故障处理的相关知识。主要内容如下。

第1章：电脑组装基础知识。内容包括主流电脑类型、电脑硬件的组成、电脑软件的组成、组装电脑必备知识、台式机推荐配置方案以及笔记本电脑推荐配置方案。

第2章：电脑硬件的选购。内容包括CPU、主板、内存等十几种电脑硬件的选购方法及技巧。

第3章：电脑硬件组装。内容包括电脑组装前的准备工作，电脑硬件设备的安装方法及技巧，电脑机箱内、外部设备的连接方法及电脑组装后的检测方法等。

第4章：BIOS设置与硬盘分区。内容包括BIOS的设置、硬盘分区方法和电脑U盘启动盘制作等。

第5章：电脑软件系统安装。内容包括Windows 10操作系统的安装，一台电脑上多个操作系统的安装方法，硬件驱动程序的安装方法以及常用应用软件的安装方法等。

第6章：系统性能测试与常用外设。内容包括电脑中硬件的查看方法，电脑综合性能检测的步骤和方法，电脑硬件性能专项检测及U盘等常用外设的使用方法。

第7章：Windows10操作技巧。内容包括Windows 10操作系统中系统的基本设置方法，桌面及工作区的整理方法和文件的基本操作方法等。

第 8 章：常用办公软件操作。内容包括 Word、Excel、PowerPoint、WPS 等办公软件的操作及编辑技巧等。

第 9 章：数字媒体（简称数媒）软件的操作。内容包括常用的数媒视频软件、数媒音乐软件、音频转换软件、视频制作软件的操作方法与使用技巧等。

第 10 章：电脑组网与网络应用。内容包括互联网连接、局域网的组建方法与技巧和网络生活的应用等。

第 11 章：软件的管理与维护。内容包括软件的安装、软件的卸载、应用软件的基本操作方法与技巧。

第 12 章：硬件的管理与维护。内容包括日常使用正确电脑的方法及注意事项，电脑硬件的查看及性能检测方法，电脑硬件设备的日常维护方法与技巧等。

第 13 章：数据的管理与维护。内容包括数据的备份与恢复、数据的加密与解密、云盘的使用技巧和操作系统的备份与还原等。

第 14 章：电脑的优化与设置。内容包括电脑系统加速、系统瘦身、注册表的优化及常用的电脑优化软件的使用方法与技巧等。

第 15 章：电脑病毒的预防及电脑的安全设置。内容包括常见电脑病毒症状及预防方法，电脑病毒防治常用的安防工具以及维护系统安全的常用技巧等。

第 16 章：电脑硬件故障诊断与排除。内容包括 CPU 等硬件设备的常见故障及故障排除方法等。

第 17 章：电脑软件故障诊断与排除。内容包括电脑软件常见故障类型及排除方法、操作系统故障处理、办公软件故障处理与常见影音软件故障处理等。

第 18 章：网络故障诊断与排除。内容包括网络连接故障等常见网络故障的诊断与排除方法等。

本书既可作为电脑初学者用书，也可作为具有一定电脑应用能力的中级电脑用户进阶学习和参考用书，还可作为电脑销售人员、电脑培训人员、维修人员、网络管理等专业人员的技术参考用书。

特别感谢杜利明、吕长垚、张佳会、赵晟凯、孙新怡、樊沁译、席子棋、王鹏飞、徐景琦、陈凯对本书所做出的贡献。

目录

第 2 章　电脑硬件选购

电脑组装篇

第 3 章　电脑硬件组装

第 4 章　BIOS 设置与硬盘分区

第 5 章　电脑软件系统安装

第 6 章　系统性能测试与常用外设

电脑操作篇

第 7 章　Windows 10 操作技巧

第 8 章　常用办公软件操作

第 9 章　数字媒体软件的操作

第 10 章　电脑组网与网络应用

电脑维护篇

第 11 章 软件的管理与维护

第 12 章 硬件的管理与维护

第 13 章 数据的管理与维护

第 14 章　电脑的优化与设置

第 15 章　电脑病毒的预防及电脑的
安全设置

故障处理篇

第 16 章　电脑硬件故障诊断与排除

第 17 章　电脑软件故障诊断与排除

第 18 章　网络故障诊断与排除

第1章
电脑组装基础知识

我们在组装电脑前，选购电脑配件时会考虑多种因素，首先要考虑电脑的配置；之后要考虑硬件的兼容问题，如主板和 CPU（中央处理器）的插槽类型是否匹配；还应当考虑硬盘的接口类型，显卡的 I/O 接口，电源供电功率，主板是否集成了声卡、网卡、显卡，是否需要单独购买，等等。想组装电脑，就了解一些相关内容吧。

1.1 认识目前主流的电脑类型

市面上比较常见的电脑有台式机、笔记本电脑、一体机、平板电脑和可穿戴电脑等。本节将详细介绍以上几种类型的电脑，并总结其特点，便于人们购买时根据需要进行参考和选择。

≫ 1.1.1 台式机

台式机是一种机箱、显示器、键盘及鼠标等设备独立、相分离的电脑。相对于笔记本电脑，其体积较大，一般放置在电脑桌或专门的工作台上。图 1-1 即为一款台式机展示图。

台式机具有以下特点。

（1）散热性好：机箱具有空间大、通风条件好等特点，利于散热，不易卡顿。

（2）扩展性佳：机箱方便用户硬件升级，如升级光驱、硬盘等。

（3）保护性好：外壳硬度高，全方面保护硬件不受外力的侵害。

（4）明确性高：机箱的开关键、重启键、USB、音频接口都在机箱前置面板中，便于用户使用。

图 1-1　台式机展示图

≫ 1.1.2 笔记本电脑

笔记本电脑又称笔记型、手提或膝上电脑，是一种小型、可携带的个人电脑，如图 1-2 所示。相对于台式机，笔记本电脑具有便于携带、移动方便、功耗低、外观时尚等特点，因此备受电脑用户青睐，尤其成为一些追求时尚的年轻人和商务人士的首选。

图 1-2　笔记本电脑展示图

笔记本电脑根据用途可以分为 4 类，分别为时尚型、商务型、多媒体应用型、特殊用途型。时尚型笔记本电脑一般外观特异、美观；商务型笔记本电脑移动性强，电池续航时间也比较长；多媒体应用型笔记本电脑在拥有便携性的基础上具有强大的图形及多媒体处理能力，拥有独立的配置、先进的显卡，具有较大的显示屏幕；特殊用途型笔记本电脑服务于专业人士，可以在酷暑、严寒、低气压等恶劣环境下使用，多数较为笨重。

与台式机相比，笔记本电脑的小巧、轻便是其最大的优势。笔记本电脑在散热性能上不如台式机，台式机散热孔比较多、通风条件好，不易产生运行卡顿等问题。笔记本电脑的升级空间小；台式机的升级空间大，其机箱便于硬件升级，如升级光驱、硬盘等。笔记本电脑集成性高；而台式机的集成性差，键盘等外设需要单独购买、配置。相同价位

下，台式机的整体性能优于笔记本电脑，具体体现在图像与声音的处理以及运行速度等方面。

≫ 1.1.3 一体机

一体机是目前介于台式机和笔记本电脑之间的一种新型的市场产物，它是将主机部分、显示器部分整合到一起的新形态电脑，该机型的创新在于内部元件的高度集成，如图 1-3 所示。

图 1-3　一体机展示图

一体机的特点如下。

（1）节省空间：与普通台式机相比，一体机最多可节省 70% 的桌面空间。

（2）超值整合：一体机具有较高的性价比，同价位拥有更多功能部件，整合性较台式机强。

（3）节能环保：一体机更加节能环保，耗电量约为传统分体台式机的 1/3，电磁辐射更小。

（4）潮流外观：一体机采用简约、时尚的实体化设计，更符合现代人对家居节约空间、美观的需求。

≫ 1.1.4 平板电脑

平板电脑是一种小型、操作方便、便于

携带的个人电脑，其以触摸屏作为基本的输入设备，允许用户通过触控笔或数字笔进行操作，而不是通过传统的键盘或鼠标，如图1-4所示。

图1-4　平板电脑展示图

平板电脑种类繁多，如滑盖型、学生型、工业型等。

1. 滑盖型平板电脑

滑盖型平板电脑带全键盘，同时能节省体积，方便随身携带。除了可以手写触摸输入外，滑盖型平板电脑还可以像笔记本电脑一样通过键盘输入，尤其适合部分商业人士使用。

2. 学生型平板电脑

学生型平板电脑一般集合了多种课程教学资源和系统学习功能两大板块，其中课程教学资源板块一般囊括幼儿、小学、初中、高中等多学科优质教学资源。

3. 工业型平板电脑

工业型平板电脑与普通平板电脑的区别主要在于其内部的硬件多数为针对工业方面的产品，型号稳定但无法进行量产，工业主板的价格一般较为昂贵。

》1.1.5　可穿戴电脑与智能家居

1. 可穿戴电脑

可穿戴电脑又称可穿戴计算设备，指可穿戴在身上的微型电子设备。可穿戴电脑外形多种多样，有的可放在口袋里，有的可别在腰带上，有的可以挎在肩膀上，有的甚至可以分散地藏在衣服里。目前已有的可穿戴电脑有 Google Glass、Apple Watch、Sixth Sense 系统、WiMM One 智能手表、可佩戴式多点触控投影仪等。图1-5的 Google Glass 就是一款"拓展现实"眼镜，其具有和智能手机一样的功能，可以进行声控拍照、视频通话、方向辨识、上网冲浪、文字处理等，其显示器可像护目镜一样戴在头上。Google Glass 的镜片是由特殊材料制成的，既能显示电脑显示的内容，又不会遮挡视线。

图1-5　Google Glass

再如图1-6所示的 Apple Watch 是一款智能手表，该产品支持打电话、语音回复短信、连接汽车、天气预报、航班信息查询、地图导航、测量心跳、播放音乐等几十种功能，是一款功能较全面的健康与运动追踪设备。

图1-6　Apple Watch

2. 智能家居

智能家居（Smart Home/Home Automation)主要以住宅为平台，综合应用网络通信技术、安全防范技术、综合布线技术、自动控制技术、音视频等技术，将家居生活有关的设施集成在一起，构建高效的住宅设施与家庭日程事务的管理系统，提升家居便利性、舒适性、安全性、艺术性，实现环保节能的居住环境，如图1-7所示。

图 1-7　智能家居示例

1.2 认识电脑硬件的组成

电脑系统是由硬件系统和软件系统组成的综合系统，软件是指操作硬件的各种语言或程序，硬件则是指电脑系统中我们看得见、摸得着的物理设备。电脑硬件系统由运算器、控制器、存储器、输入设备和输出设备5大基本部件组成。输入设备如鼠标、键盘、扫描仪等，输出设备如显示器、音箱、打印机等。本节主要介绍电脑的硬件组成。

≫ 1.2.1 电脑主机中的硬件组成

主机是电脑的核心部分，通常包括CPU、内存条、硬盘、主板、电源、显卡、声卡、网卡等。位于主机箱内的硬件通常称为内设，位于主机箱外的硬件通常称为外设（如显示器、键盘、鼠标、外接硬盘、打印机等）。以台式机为例，主机箱内硬件连接结构如图1-8所示。

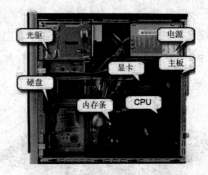

图 1-8　主机箱内硬件连接结构

1．CPU

CPU 是电脑的核心配件，其主要功能是解释电脑指令及处理电脑软件中的数据，控制整个电脑系统中的操作。

2．内存条

内存条是内部存储器或主存储器，是外存与 CPU 进行沟通的桥梁，用于暂时存放CPU 中的运算数据以及与硬盘等外部存储器交换的数据。

3．硬盘

硬盘是电脑中重要的外部存储设备，其存储容量大，但存取速度比内存要慢，电脑中的绝大多数的数据信息储存在硬盘中。

4．主板

主板是电脑基本的也是非常重要的部件之一，可以称为电脑的"躯干"。绝大多数的电脑部件都直接或间接地连接到主板上。

5．电源

电源是装在机箱内的封闭式独立部件，其作用是为机箱内各类部件提供电源。电源的功率需求取决于 CPU、主板、内存、硬盘等的功率，最常见的功率是 250~350W。

6. 显卡

显卡是电脑控制图形输出的主要设备，其主要功能是把从 CPU 传送来的数据进行处理后显示在显示屏上。

7. 光驱

光盘是以光信息作为存储的载体，用于存储数据的一种圆盘状物品，它是利用激光原理进行读写的设备，可以存放各种文字、声音、图形、图像和动画等多媒体数字信息。光驱又称光盘驱动器，是电脑用来读写光盘内容的硬件设备，也是在台式机和笔记本便携式电脑里比较常见的一个部件。

8. 网卡

网卡是电脑连接网络的重要硬件，电脑可以选用集成网卡和独立网卡。其中，集成网卡集成在主板上，可以满足人们的正常使用；而独立网卡是单独的硬件设备，在网络数据流量大的情况下更为稳定。

网卡又可分为笔记本电脑网卡、普通电脑网卡、服务器网卡、无线网卡。台式机多使用无线网卡和普通电脑网卡。

≫ 1.2.2 电脑配套的外部设备

本小节将带大家认识和了解电脑常用的外部设备，它们是电脑信息处理、存储和传输必不可少的设备，包括显示器、鼠标、键盘、音箱、打印机、投影仪、摄像头等。

1. 显示器

显示器又称监视器，是电脑重要的输入／输出设备。程序运行的情况、键盘和鼠标操作等信息均可以展示在显示器上。目前的主流显示器产品为 LCD 显示器，如图 1-9 所示。

图 1-9　　LCD 显示器

2. 鼠标

鼠标是一种常用的外部输入设备，通过使用鼠标可以使电脑指令更简单便捷，简化键盘的烦琐操作。

3. 键盘

键盘是电脑的基本输入设备，用户通过键盘输入信息数据及命令，通过显示器与电脑对话。

4. 音箱

音箱可将电脑音频信号转换为用户可以识别的声音信号。音箱主机箱体或低音炮箱体内自带功率放大器，可将电脑音频通过扬声器播放出来。

5. 打印机

打印机用于将电脑处理的结果打印出来供用户浏览、存档，利用打印机可以打印出资料、文字、图像等。根据成像原理和打印技术，打印机可以分为针式打印机、喷墨打印机、激光打印机（图 1-10）等。

图 1-10　　激光打印机

6. 投影仪

投影仪又称投影机，是一种利用光学元件将图像或视频放大，并将其投影到屏幕上的光学仪器，如图 1-11 所示。投影仪广泛应用于家庭、办公、学校和娱乐场所等。

图 1-11　投影仪

7. 摄像头

摄像头是一种视频输入设备，广泛应用于实时监控、影像沟通、远程视频会议、远程医疗等方面。

》1.2.3 常用电脑辅助设备

1. 光驱

光驱是电脑中比较常见的配件，是用于读写光碟内容的设备。根据功能及光驱存储介质不同，光驱可分为 CD-ROM（只读光盘驱动器）、CD-RW（可擦写光盘驱动器）、DVD-ROM（DVD 只读光盘驱动器）、BD-ROM（蓝光光驱）和刻录机等。

2. 扫描仪

扫描仪可以将照片、纸稿、胶片、图片等转换成电脑可显示、编辑、存储与输出的数字信号。扫描仪是继鼠标和键盘之后的第三大电脑输入设备，功能很强大。扫描仪可分为手持式、平板式、胶片专用式和滚筒式等几种。

3. 视频采集卡

视频采集卡也称视频捕捉卡，可将摄像头、录像机、电视机、摄像机等输出的视频数据或音视频混合数据输入电脑中，并转换成电脑可识别的数字化信号数据，存储在电脑中。很多视频采集卡能在捕捉视频信息的同时获得伴音，使音频部分和视频部分在数字化时同步保存、同步播放。

4. 手写板

手写板除可用于文字、符号、图形等输入外，还可提供光标定位功能。因此，手写板可以同时替代键盘与鼠标，成为一种独立的输入工具。手写板的主流厂商有 Wacom 和汉王科技。

5. 路由器

路由器也可以叫作网关设备，是连接因特网中各局域网、广域网的硬件设备，可以读取每一个数据包中的地址，然后决定如何传送。路由器的主要作用是连通不同的网络，同时能够选择信息传送的线路，可大大提高通信速度，减轻网络系统通信负荷，节约网络系统资源，提高网络系统畅通率。

1.3　认识电脑软件的组成

电脑软件系统包括系统软件、驱动软件、应用软件。系统软件是由电脑生产厂家为使用电脑而提供的基本软件，包括操作系统、语言处理程序、数据库管理程序等；驱动软件是一种可以使电脑和设备通信的特殊程序；应用软件则指一系列为解决某个领域的具体任务而编制的程序。

≫ 1.3.1 操作系统

操作系统是电脑软件系统的基础，负责管理电脑硬件资源，控制其他程序运行，并为用户提供交互操作界面。操作系统担负着管理与配置内存、决定系统资源供需的优先次序、操作网络与管理文件系统、控制输入／输出设备等基本任务。目前，主流的操作系统有微软的 Windows、苹果的 macOS 以及多家公司的 UNIX 和 Linux 操作系统。

1. Windows 系列操作系统

Windows 系列操作系统是应用最广泛的电脑操作系统，主要包括以下几种。

（1）Windows XP

Windows XP 是微软公司研发的经典电脑操作系统，曾被广泛应用。由于微软目前已经终止对 Windows XP 的技术支持，因此使用 Windows XP 的用户如今占少数，Windows XP 系统仅存在于一些老旧电脑中。

（2）Windows 7

Windows 7 具有易上手、快速、简单、安全等特点。Windows 7 分为 6 个版本，分别是 Windows 7 Starter（简易版）、Windows 7 Home Basic（家庭普通版）、Windows 7 Home Premium（家庭高级版）、Windows 7 Professional（专业版）、Windows 7 Enterprise（企业版）、Windows 7 Ultimate（旗舰版）。自 2020 年 1 月 14 日开始，微软停止对 Windows 7 操作系统提供所有支持，这也意味着 Windows 7 时代告一段落。

（3）Windows 8 和 Windows 8.1

Windows 8 操作系统是由微软公司开发的。Windows 8 实现的新功能包括 Windows Store、人脸识别登录、更佳的语音识别、更强的防病毒能力、更快的开机速度等。Windows 8.1 是 Windows 8 的升级版，Windows 8.1 的画面显示及操作方式变化极大，采用 Metro（美俏）风格用户界面，各种应用程序、快捷方式可以以动态方块样式显示在屏幕上，用户可将常用的浏览器、社交网络、游戏等添加到动态方块上。Windows 8.1 具有承上启下的作用，为 Windows 10"铺路"。

（4）Windows 10

Windows 10 是微软开发的最新一代的操作系统，其应用设备涵盖 PC、平板电脑、手机和服务器端等。桌面【开始】菜单的旁边则增加了一个 Metro 风格的操作界面，完美地将传统与现代两者相结合，如图 1-12 所示。

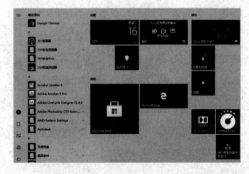

图 1-12　　Windows 10 操作界面

2. Mac OS

Mac OS 操作系统是一款专用于苹果电脑的操作系统，该系统操作简单、界面直观、简洁易用，具备多平台兼容模式，占用更少的内存，但不可安装于其他品牌的电脑上。绝大部分电脑病毒是针对 Windows 的，由于 Mac 的架构与 Windows 不同，因此其受病毒攻击较少。Mac OS 操作系统界面采用全屏幕窗口模式，一切应用程序均可以在全屏模式下运行，这种用户界面极大地简化了电脑的使用，减少了多个窗口带来的困扰。

3. UNIX 操作系统

UNIX 操作系统在电脑操作系统发展历史上占有重要的地位。目前，UNIX 操作系统的用户日益增多，应用范围也日益扩大，在各种类型的微型机，大、中、小型电脑，以及在工作站甚至个人电脑上，很多都已配有 UNIX 操作系统。UNIX 操作系统提供了良好的用户界面，具有使用方便、功能齐全、清晰而灵活、易于扩充和修改等特点。

4. Linux 操作系统

Linux 操作系统是一套可免费使用和自由传播的类 UNIX 操作系统。Linux 继承了 UNIX 以网络为核心的设计思想。Linux 受到许多用户的喜爱，一方面是因为使用者不仅可以直观地获取该操作系统的实现机制，而且可以根据自身需要修改完善 Linux，使其最大化地适应用户的需要；另一方面是因为 Linux 不仅系统性能稳定，而且是开源软件，其核心防火墙组件性能高效、配置简单，保证了系统的安全。

≫ 1.3.2 驱动程序

驱动程序一般指设备驱动程序（Device Driver），是硬件与软件相互交流的桥梁，是一种可以使电脑和设备进行相互通信的特殊程序，相当于硬件接口。操作系统只有通过这个接口，才能控制硬件设备工作。假如某个外部设备的驱动程序未能正确安装，便不能正常工作。

1. 驱动程序获取方法

获取驱动程序一般有以下几种方法。

（1）硬件厂商提供：购买各类硬件时，多数硬件厂商会以软盘或光盘的形式向用户赠送针对该硬件的驱动程序。

（2）Windows 自带：Windows 为一些常用设备提供了大众化的驱动程序，如键盘、鼠标等。

（3）通过因特网下载：硬件厂商将最新的驱动程序上传至因特网，用户可通过网站自行下载。

2. 驱动程序的安装方法

硬件设备驱动程序的安装需要按照一定顺序，否则容易造成资源的冲突，导致某些硬件无法正常工作。一般情况下，驱动程序的安装可按照图 1-13 的顺序进行。

图 1-13　驱动程序的安装顺序

≫ 1.3.3 应用软件

应用软件指一系列为解决某个领域的具体任务而编制的程序，除系统软件以外的所有软件。针对电脑应用领域的多样性，应用软件的种类繁多，目前常见的应用软件多应用于电脑开发应用、图形图像处理、教学辅助、查杀病毒、商务办公及工作汇报等。

1. 商务办公类软件

商务办公类软件多针对想法呈现、工作汇报、数据报表等方面，多用于文字处理、幻灯片制作、电子表格制作等。微软公司的Office、金山软件公司的 WPS Office 均可用于制作 Word、Excel、PowerPoint。

2. 上网类软件

上网类软件需要满足用户的浏览、搜索需求。目前较常用的浏览器有 Google Chrome、火狐内核的浏览器、360 浏览器等。

3. 媒体播放器

媒体播放器是指电脑中用于播放多媒体的软件，包括网页、音乐、视频和图片 4 类播放器软件，如 Flash Player、暴风影音、迅雷看看、Windows Media Player 等。

4. 杀毒类软件

杀毒类软件也称为防毒软件，是指用于消除电脑病毒、恶意软件、木马病毒等的工具软件。其功能通常包括监控识别、病毒扫描和清除、自动升级、主动防御、数据恢复、黑客入侵防范、网络流量控制等，是电脑安防系统的重要组成部分。目前，较为流行的杀毒软件有 360 安全卫士、金山毒霸、卡巴斯基反病毒软件、瑞星等。

5. 图像视频处理类软件

针对图片处理的软件主要有 PhotoShop（简称 Ps）、美图秀秀、Adobe Illustrator（简称 AI），音频处理可以使用 Adobe Audition（简称 Au，原名 Cool Edit Pro），视频处理可以使用 Adobe Premiere（简称 Pr）、Adobe After Effects（简称 AE）、会声会影、The Foundry Nuke Studio（简称 NUKE）和 DFusion 等。对于简单的视频处理，Pr 和会声会影即可满足需要，其操作简单，容易上手；若对视频要求较高，如电影拍摄等，可使用 DFusion。

6. 软件开发类软件

软件开发人员在实践中通常将常用的函数、类、对象、接口等进行总结和封装，使其成为可以重复使用的"中间件"。随着"中间件"的成熟和通用，功能更强大，更能满足企业级客户需求的软件开发平台应运而生。针对不同的编程语言，常用的应用软件有 Microsoft Visual C++、Adobe Dream-Weaver 等。

1.4 专题分享——组装电脑必备知识

基于每个人的不同需求，本节将对正式组装电脑前的必备知识进行探讨。

>> 1.4.1 明确装机目的

明确装机目的，包括把握装机预算、了解电脑应用领域、预计使用年限、满足电脑外观要求等，从而正确选购性价比最高的配件组合，充分发挥配件功能。电脑的使用效果主要取决于其整体性能，结合自身装机需要，搭配合适的组合，从而可以在保证价位的情况下，满足用户的使用需求。

>> 1.4.2 了解行情动态

通过上网搜索相关资料，如中关村在线、太平洋电脑网等类似网站，寻找硬件更新及政策发布等，提前了解行情动态。从政策上来说，品牌机拥有无可比拟的政策优势，而组装机则限制较多，相关政策规定，网吧等场所必须用品牌机，这对组装机来说是不利的。在资金充足且不具备组装电脑能力的情况下，买一台高配置的品牌机是最好的选择；而在资金不足但又十分在意机器性能的情况下，买一台组装机也是明智的选择。

>> 1.4.3 品牌机与组装机的比较

一般情况下，对电脑硬件有一定了解的人都会选择自己组装电脑，因为相同配置下，组装机的价格比品牌机便宜得多。相同的价位，组装机可选择的配件要更多，性价比更高，且用有限的资金可以配置出自己最满意的配件组合。对于售后服务，组装机与品牌机相同，主要硬件提供了3年质保，甚至部分配件的质保期超过了品牌机。

目前品牌机的价格逐渐降低，CPU频率配置可能会很高，但其选用的大多是主板集成显卡，而配置单写的可能是"高性能显卡"。玩大型3D游戏最能考验电脑的整体性能，组装机在用稍低频CPU，配置一般显卡的情况下，其整体性能就超过了品牌机。

1.5 台式机推荐配置方案

不同的用户对电脑的需求不同，如中小学生群体的预算和需求比较低，经济实惠型的电脑更适合他们；大学生群体可能需要制图或者进行视频制作，这时需要购买高显存、高内存的电脑；商务人士更适合使用商务办公型的电脑。

>> 1.5.1 中小学生经济型电脑配置

中小学生经济型电脑定位为入门级电脑，适用人群为中小学生或只使用基本的电脑功能的人。考虑到中小学生购买电脑的初衷是为了更好地学习，并且受到预算影响，中小学生对内存、显卡、CPU运算速度等配置没有那么高的要求，只需要电脑能够满足基本功能（如使用Office、QQ等）即可。所以，在选择配置方面，这里给出以下几点建议。

1. 主板

主板可优先选择全集成主板（集成显卡、声卡、网卡），其性能相对较低，但安装便利且价格有较高优势，后期可以通过合理的设置与优化提高主板性能。

2. CPU

由于只需要电脑满足基本功能，不需要多线程处理，因此选择两核的CPU即可，可以选择性价比较高的英特尔或者 AMD 的入门级 CPU 系列，如英特尔的赛扬系列、AMD 的速龙系列。优先选择集成显示核心的 CPU 可以更好地节省预算。

3. 内存条

一般情况，选择 2GB 的内存条基本就能够满足日常使用。尽量选择知名品牌的内存条，一般知名品牌的内存条有质量保障。此外，还应当注意内存条的内存类型需要和主板接口相匹配。

4. 硬盘

由于预算不多且对配置要求不高，因此本书建议选择机械硬盘，容量在 500GB 即可。如果需要存储一些视频、照片等资料，可以选择 1TB 容量的硬盘。由于只是使用基础软件及程序，因此硬盘缓存和转速选择较低配置的即可。注意，在购买硬盘时，应买 3.5 英寸的台式机硬盘，不要错买成 2.5 英寸的笔记本硬盘。

5. 光驱

光驱可以选装，本书并不推荐配置光驱，因为新式存储方式多采用 U 盘与网盘，使得光驱作用不大。DVD 等类型的光盘已经退出历史舞台，如果装机，也可以使用 U 盘制作启动盘。

6. 显示屏

显示屏尺寸可以根据情况自行调整，建议优先选择 20~24 英寸的液晶显示屏。

7. 电源

中小学生经济型电脑的总功率不需要太大，因此建议购买较小额定功率的电源，价格较低，可更好地节省预算。

综上，中小学生经济型电脑推荐配置见表 1-1。

表 1-1　中小学生经济型电脑推荐配置

名称	型号	数量	价格
CPU	AMD A6-7470K（盒）	1	￥199
主板	昂达 A68P+ 全固版	1	￥239
内存条	金士顿 4GB DDR3 1600（KVR16N11/4）	1	￥165
硬盘	东芝 1TB 7200 转 32MB（DT01ACA100）	1	￥269
电源	富善能战神	1	￥69
显卡	AMD Radeon R5 核显	—	—
声卡/网卡	集成	—	—
机箱	富善能征途	1	￥60
CPU 散热器	盒装 CPU 原厂散热器	—	—
显示器	HSO E22EL	1	￥339
鼠标套装	无线键盘鼠标套装	1	￥70
合计	￥1410		

注：本表价格仅供读者参考，余同。

推荐原因：

本方案采用的是 AMD APU A6 系列 CPU，主频为 3.7GHz，动态加速频率为 4.2GHz。AMD 的 CPU 性价比相比英特尔的要高一些，较低的价位搭载了非常给力的显示核心，盒装 CPU 自带原厂散热器。昂达 A68P+ 全固版是一款集成了声卡和网卡的 Micro ATX 板型主板，插槽类型为 Socket FM2/FM2+，与 CPU 插槽 Socket FM2+ 兼容。内存方面，因为 AMD 的 CPU 比较占用内存，所以本书选择了金士顿品牌的 DDR3 4GB 内存，CPU 及主板都可以与其兼容。硬盘方面选择了 STAT 接口的东芝 1TB 容量机械硬盘，满足学生存放视频、照片等学习资料的需求。电源选择的是性价比高的富善能战神电源，额定功率可以达到 400W，最大功率可以达到 600W。机箱选择了结构为 MATX 的富善能征途机箱，与主板兼容。显示器为 21.5 英寸的 LED 显示屏，护眼滤蓝光，保护学生的眼睛。鼠标套装为无线键盘和无线鼠标，满足年轻人的需求。

≫ 1.5.2 大学生经济型电脑配置

大学生经济型电脑主要适用人群为大学生，现在很多大学甚至高中已经进入了数字化教学模式，大学生在读期间完成课后作业、辅助学习及参加比赛都需要用到类似于 Office 的办公软件、Ps 类的图像处理软件、Pr 类的视频剪辑软件。部分学设计、建筑等专业的学生还要涉及高清图片、视频的处理。所以，在选择配置方面，本书根据不同的情况给出以下两套方案。第一套实用经济型方案见表 1-2。

表 1-2　大学生经济型电脑配置（实用经济型）

名称	型号	数量	价格
CPU	AMD APU 系列 A8-7650K（盒）	1	￥229
主板	映泰 Hi-Fi K1-A 主板（A88 芯片）	1	￥299
内存条	金士顿 8GB DDR3 1600（KVR16N11/8）	1	￥299
硬盘	东芝 1TB 7200 转 32MB（DT01ACA100）	1	￥269
电源	富善能战神	1	￥69
显卡	AMD Radeon R7 核显	1	—
声卡 / 网卡	集成	—	—
机箱	富善能征途	1	￥60
CPU 散热器	盒装 CPU 原厂散热器	—	—
显示器	HSO E22EL	1	￥339
鼠标套装	雷柏 8000 无线键盘鼠标套装	1	￥70
合计	￥1634		

推荐原因：

因为预算的原因，所以仍优先选择 AMD 的 APU 系列，该 CPU 性价比较高，集成核显，节省预算。本方案采用的是 AMD APU A8 系列 CPU。AMD A8-7650K 是一款基于"压路机"架构的 A8 系列四核处理器，配备了 10 个运算核心（4 CPU+6 GPU），默认主频达到 3.3GHz，支持动态超频至 3.8GHz，内置了 Radeon R7 的独显核心。四核电脑满足基本程序多开，可使娱乐学习一体化。映泰 Hi-Fi K1-A 采用了 AMD A88X 芯片组，一直以来都有着不错的销量及良好的口碑，

其各项功能、规格都十分不错，尤其是其自带的 K 歌功能，更是让这款主板性价比与功能趋于完美。此外，它价格十分便宜，适合搭配 APU 方案。内存方面，对于一款老平台的 APU 来说，是无法兼容 DDR4 的内存的，而是需要搭配上一代 DDR3 内存条。DDR3 与 DDR4 相比，内存价格便宜，老平台装机在内存上还能节省不少预算。这里推荐选用金士顿 8GB 内存条，能够满足程序多开、Ps、普通 3D 游戏的使用需求。第二套实用专业型方案见表 1-3。

表 1-3　　大学生经济型电脑配置（实用专业型）

名称	型号	数量	价格
CPU	AMD Ryzen 5 1600	1	￥699
主板	梅捷 SY-A320D4+ 魔声版	1	￥279
内存条	金士顿骇客神条 FURY 8GB DDR4 2400（HX-424C15FB/8）	2	￥478
硬盘	东芝 1TB 7200 转 32MB（DT01ACA100）	1	￥269
固态硬盘	台电极速 S500（120GB）	1	￥108
电源	航嘉 WD500K	1	￥259
显卡	七彩虹 GTX 1050Ti 灵动鲨 -4GD5	1	￥899
声卡 / 网卡	集成	—	—
机箱	Tt 启航者 F1	1	￥166
CPU 散热器	盒装 CPU 原厂散热器	—	—
显示器	HSO E22EL	1	￥339
鼠标套装	雷柏 8000 无线键盘鼠标套装	1	￥70
合计	￥3566		

推荐原因：

设计、测绘、工程制图对 CPU 的要求较高，但大学生在大学期间接触到的大多数是一些小项目，对电脑配置要求并不是很高。为了稳定，尽量选择主流级的处理器产品，如 Intel 的酷睿

i5 系列及 AMD 锐龙 5 系列，主流级产品能保证电报稳定流畅运行。所以，这里推荐的 CPU 是 AMD Ryzen 5 1600，这款 CPU 拥有六核十二线程，主频为 3.2GHz，可满足大学生完成小项目的需求。主板方面，为了节约成本，选用了以 AMD A320 作为芯片组的梅捷 SY-A320D4+，其支持双通道 DDR4 2133/2400MHz 内存。显卡方面，推荐选择入门级的 GTX 1050Ti 灵动鲨 -4GD5 作为独立显卡。其为双风扇独显游戏显卡，6pin 供电，三全数字供电接口，4GB 显存容量，性价比较高。内存条选择金士顿的骇客神条，双 8GB 共 16GB 的运行内存足以满足大学生的学习及娱乐需求。硬盘方面，推荐选择固态 + 机械的模式，将固态硬盘作为系统盘 C 盘，提升开机速度，机械硬盘则存储学习文件及资料。

≫ 1.5.3 商务办公型电脑配置

商务办公型电脑适用于上班族。办公对电脑配置要求不高，而且上班族的娱乐需求基本上只限于看电影、追剧、网上冲浪等。正常情况下，除了 Office 套件外，其他办公类软件应该都不会太依赖显卡，所以在配置商务办公型电脑时为了节省预算，可以选择不配置独立显卡，优先选择集成显卡的 CPU。如果有显卡方面的需求，可以自行根据需求进行选择。由于办公可能会运行多个程序，因此在 CPU 的选择方面，优先选择多核心多线程的 CPU。商务办公型电脑配置见表 1-4。

表 1-4　商务办公型电脑配置

名称	型号	数量	价格
CPU	AMD Athlon 200GE	1	￥309
主板	梅捷 SY-A320D4+ 魔声版	1	￥279
内存条	金士顿骇客神条 FURY 8GB DDR4 2400（HX-424C15FB/8）	1	￥229
固态硬盘	金士顿 A400-M.2 2280（120GB）	1	￥169
硬盘	东芝 1TB 7200 转 32MB（DT01ACA100）	1	￥269
电源	长城双动力静音 BTX-400SEL-P4	1	￥169
显卡	Radeon Vega Graphics（集成）	1	—
声卡 / 网卡	集成	1	—
机箱	昂达黑客 3	1	￥69
CPU 散热器	先马游戏风暴 (12cm)	1	￥18
显示器	AOC I2781F/BW	1	￥749
鼠标套装	罗技 MK345 无线键盘鼠标套装	1	￥169
合计	￥2429		

推荐原因：

由于办公对 CPU 整体性能要求不高，因此推荐 AMD 速龙系列的 200GE，其拥有双核心四线程，主频为 3.2GHz。虽然 200GE 不属于 Ryzen 系列，却是 ZEN 架构的 CPU，并带有 Vega3 集成显卡，整体性能方面中规中矩。使用该款 CPU，可以较为流畅地运行各种办公软件，而且 CPU 的功耗也较低，比较环保。集成显卡 Vega3 的游戏表现较好，对于以电影、电视剧为主要娱乐方式的上班族来说完全够用。由于原装 CPU 散热器的性能并不理想，因此这里自行加了 CPU 散热器，以提升散热能力。显示器选用 27 英寸的 AOC I2781F/BW，2mm 超窄边框、3.5mm 超窄画面黑边、10mm 超薄机身，以

及 Clear Vision 功能，使低分辨率的画面和文字更清晰、更锐利；且其具有超低功耗，可比 4 灯管 CCFL 面板节省 50% 功耗。鼠标套装选用罗技 MK345 无线键盘鼠标套装，无线键盘鼠标适合日常办公使用，鼠标贴合手掌的波浪形设计，击键安静，且有防泼溅设计，性价比较高。

≫ 1.5.4 家庭娱乐型电脑配置

家庭娱乐型电脑定位为中端级，要能"文"能"武"，显卡尽量选用主流级的大显存显卡。另外，主机对硬盘的读取速度、显示屏的大小及功能也有一定要求。家庭娱乐型电脑配置见表 1-5。

表 1-5　家庭娱乐型电脑配置

名称	型号	数量	价格
CPU	Intel 酷睿 i5-10400F	1	￥1299
主板	技嘉 B460M AORUS PRO	1	￥798
内存条	威刚 XPG 威龙 16GB DDR4 3200	1	￥419
固态硬盘	影驰铁甲战将（240GB）	1	￥189
硬盘	希捷 BarraCuda 2TB 7200 转 256MB	1	￥389
电源	航嘉 WD600K	1	￥379
显卡	铭瑄 MS-RX 580 2048SP 巨无霸 8GB	1	￥999
声卡 / 网卡	集成	—	—
机箱	磐驰盖世	1	￥78
CPU 散热器	九州风神玄冰 400	1	￥89
显示器	AOC 27B1H	1	￥859
鼠标套装	雷柏 V190 机械键盘鼠标套装	1	￥235
合计	￥5733		

推荐原因：

大型游戏、高清影音、多开程序需要高性能的 CPU，这里推荐第十代酷睿 CPU。i5-10400F 是 Intel 全新推出的十代酷睿主流处理器，型号后缀 F 代表无内置核显版本。规格方面，Intel 酷睿 i5-10400F 基于"祖传"的 14nm++ 制程工艺，全新的 LGA 1200 接口设计，拥有六核十二线程，默认主频为 2.9GHz，最大睿频为 4.3GHz，三级缓存为 12MB，不支持超频，设计功耗为 65W。主板方面，推荐技嘉 B460M AORUS PRO，采用 Intel B460 芯片组，支持双通道 DDR4 2933/2666/2400/2133MHz 内存。显卡方面，推荐铭瑄 MS-RX 580 2048SP 巨无霸 8GB，显卡芯片为 AMD RX 500 系列，属于主流级显卡，显存频率为 7000MHz，显存 8GB，可满足家庭玩大型游戏的需求，保证画质清晰流畅。内存条方面，推荐威刚 XPG 威龙 16GB DDR4 3200，16GB 的运行内存可保证电脑操作流畅。硬盘方面，选择固态 + 机械的形式，固态硬盘用来存储系统文件或可以适量存储一些游戏文件，2TB 的机械硬盘可以存储家庭下载的音乐及电影。电源方面，选择航嘉 WD600K，其额定功率为 600W，可满足整体电脑电源需求。CPU 散热器方面，抛弃原装 CPU 散热器，选择第三方品牌散热器，提升散热性能。显示器选择 AOC 27B1H，其为 27 英寸广视角显示器，还具有一定的护眼作用。鼠标选择雷柏 V190 机械键盘鼠标套装，机械按键可满足家庭游戏需求。

≫ 1.5.5 游戏发烧友的电脑配置

游戏发烧友是一群对游戏极度热爱的群体，这一类人在购买电脑时会特别在意显卡、CPU、声卡、内存等硬件的性能，以期达到尽可能好的游戏体验效果。游戏发烧友在配置自己的电脑时，首先要清楚自己所热爱的大型游戏、3D 游戏对电脑的配置及性能是非常苛刻的，需要电脑的整体硬件性能达标。所以，在硬件的选择上，这里给出以下几点建议。

1. 显卡

游戏性能的一个重要指标就是显卡的性能，一块好的显卡往往能让游戏体验提升一个档次。所以，在经济状况允许的情况下，选择显卡时一定不要贪图便宜，而应该尽量选择显存更大、性能更好的显卡。

2. CPU

目前很多大型游戏已经开始 3D 化，对 CPU 的处理计算能力的要求也越来越高，有经济能力的游戏发烧友可以考虑 AMD 的线程撕裂者或者第九代、第十代酷睿 i9。

3. 显示器

良好的游戏体验在于视觉冲击效果，而游戏画质并不只是取决于显卡的性能，显示器的性能也同样重要，两者缺一不可，因此建议配置一块大屏幕显示器。

4. 鼠标、键盘

鼠标、键盘对竞技类游戏至关重要，很多游戏发烧友都无法忍受鼠标、键盘不顺手，因此建议选择游戏专用的鼠标和键盘。

综合以上建议，推荐游戏发烧友的电脑配置见表 1-6。

表 1-6 游戏发烧友电脑配置

名称	型号	数量	价格
CPU	AMD Ryzen 5 3600	1	￥1369
主板	微星 B450M MORTAR MAX	1	￥739
内存条	芝奇 Trident Z Neo 焰光戟 16GB DDR4 3600（F4-3600C18D-16GTZN）	1	￥799
固态硬盘	西部数据 WD_BLACK SN750 NVME SSD 带散热片（1TB）	1	￥1439
硬盘	西部数据 1TB 7200 转 64MB SATA3 蓝盘（WD10EZEX）	1	￥289
电源	长城 G6 GW-ATX650BL	1	￥599
显卡	蓝宝石 RX 5700 XT 8GB D6 超白金 OC	1	￥3299
声卡 / 网卡	集成		—
机箱	鑫谷开元 G5	1	￥269
CPU 散热器	九州风神玄冰 400	1	￥89
显示器	AOC Q27P1U	1	￥1399
鼠标套装	黑爵旗舰版吃鸡有线键盘鼠标套装	1	￥399
合计	￥10689		

推荐原因：

考虑到一般人的情况，这里只推荐这个万元级别的电脑配置，读者可结合本配置自行升级硬件。CPU 方面，这里并没有采取更高性能的 CPU，而是选择了中等偏上的锐龙 5 3600。作为支持大型游戏的 CPU 来说，Ryzen 5 3600 已经足够支持大型游戏。该款 CPU 拥有六核十二线程，主频为 3.6GHz，动态加速频率为 4.2GHz，可满足大型游戏的运行要求。主板方面，选择 AMD B450 芯片组的微星 B450M MORTAR MAX，其支持双通道 DDR41866/2133/2400/2667/2800/2933/3000/3066/3200/3466/3733/3866/4000/4133MHz 内存。内存方面，采用芝奇 Trident Z Neo 焰光戟 16GB DDR4 3600（F4-3600C18D-16GTZN），其具有的 16GB 运行内存、3600MHz 能让电脑在运行大型游戏时不卡顿。硬盘方面，推荐一块 1TB 的带散热片的西部数据 SSD 固态硬盘和一块西部数据的机械硬盘，固态硬盘可以存放电脑系统和游戏程序，机械硬盘可以存放游戏数据等。显卡选择蓝宝石 RX 5700 XT 8GB D6 超白金 OC，显卡芯片为 Radeon RX 5700 XT，它是发烧级显卡，显存频率为 14000MHz，基础频率为 1770MHz，游戏频率为 1905MHz，Boost 频率为 2010MHz，显存为 8GB，完全支持大型游戏运行。

≫ 1.5.6 其他专用要求电脑配置

专用电脑就是有特殊需求的电脑，应根据其需求进行配置，如设计专用电脑、服务器专用电脑、酒店网吧等服务行业专用电脑等。专用电脑种类很多，这里不一一列举，只以服务器专用电脑为例简单推荐其配置，以供读者参考。服务器也是电脑的一种，其比普通电脑的运行速度更快，负载更高，价格更贵，是为其他电脑提供服务的。服务器可以用作文件服务器、数据库搭建、Web服务器、大数据分析等。这里推荐两套服务器配置方案，即小型存储服务器专用电脑配置和入门级服务器专用电脑配置。

小型存储服务器专用电脑（NAS）是一种拥有较大存储空间的服务器，连接在网络上，具备资料存储功能，因此也称为网络存储器，即私有云。按表1-7配置进行组装也可以作为办公使用的小型FTP服务器来使用。

表1-7　小型存储服务器专用电脑配置

名称	型号	数量	价格
CPU	Intel 酷睿 i3 9100F	1	￥599
主板	梅捷 SY-狂龙 H310CM-VH V2.0	1	￥339
内存条	雷克沙 8GB DDR4 2666（台式机）	1	￥139
固态硬盘	士必得 M3（120GB）	1	￥156
硬盘	西部数据紫盘 4TB 64MB SATA3（WD-40PURX）	1	￥569
电源	航嘉多核 WD600	1	￥369
显卡	铭影 R5 230 1G	1	￥168
声卡/网卡	集成	—	—
机箱	金河田风暴 VII	1	￥89
CPU 散热器	盒装 CPU 原厂散热器	—	—
合计	￥2428		

推荐原因：

Intel 酷睿 i3 9100F 拥有四核四线程，CPU 主频为 3.6GHz，动态加速频率为 4.2GHz。作为小型存储服务器，在用户连接数较少的情况下，该 CPU 能够满足需求。4TB 的机械硬盘用于提供存储空间；固态硬盘存放系统文件，加上 8GB 运行内存，可使系统运行流畅。

入门级服务器专用电脑配置见表1-8。

表 1-8　入门级服务器专用电脑配置

名称	型号	数量	价格
CPU	Intel Xeon E5-2620 v3	2	￥300
主板	超微 X10DRL-I 双路服务器主板	1	￥2179
内存条	三星 DDR4RECC 16GB 2133	1	￥489
固态硬盘	三星 860 EVO 250GB 固态硬盘	1	￥449
硬盘	—	—	—
电源	台达 650W 服务器电源	1	￥459
显卡	板载集成	—	—
声卡 / 网卡	集成	—	—
机箱	爱国者 YOGO K1	1	￥269
CPU 散热器	超频三 刀刃 服务器 CPU 风扇	1	￥68
合计	￥4213		

推荐原因：

此款为入门级服务器，CPU 采用的是适用于服务器的 Intel Xeon E5-2620 v3，拥有六核十二线程，且搭载了两块儿，处理计算速度双倍提升。主板采用的是超微 X10DRL-I 双路服务器主板，共 10 个 SATA3 硬盘接口，采用 Intel C612 芯片组，板载 2 个 i210 千兆网卡；拥有 16GB 运行内存，可满足服务器进行小项目运算。机箱为爱国者 YOGO K1，支持服务器主板。

1.6　笔记本电脑推荐配置方案

不同于台式机，笔记本电脑具有便携、占空间小的特性，系统硬件稳定性高。同样地，笔记本电脑因为构造原因舍弃了台式机后期硬件维护和清理的便利性，价格相同的情况下，台式机要比笔记本电脑具有更高的性能。所以，如果你更注重便携性，购置一台笔记本电脑是一个不错的选择。本节介绍当下热门配置和品牌，价格和品牌仅供参考。

对于用户来说，如果只是有办公、看电影等需求，对续航有要求或者要求便携能力强，则优先选择轻薄本；如果在轻薄本的基础上对显示性能有一定的要求，那么可以选择全能本；如果对游戏或者对 3D 性能要求高，可以购买游戏本（游戏笔记本电脑的简称，下同）；等等。

>> 1.6.1 轻薄笔记本电脑配置

轻薄笔记本电脑作为笔记本电脑中的入门级电脑，定位为学生机、影音娱乐机、基本办公机等，对电脑配置没有较高要求，并且预算不高，具有满足用户工作、学习、差旅等场景下的需求，并能满足基础功能（如适用 Office、QQ 等）需求，续航时间较长，轻巧，方便携带。这部分笔记本电脑的价格大部分集中在 2000 ～ 4000 元不等。所以，在选择笔记本电脑方面，结合当下热门机型，本节做出表 1-9 和表 1-10 所示推荐。

表 1-9　轻薄笔记本电脑推荐配置（一）

性能指标	规格
型号	联想 IdeaPad 14s
上市时间	2020 年 10 月
价格参考	3246 元
产品定位	轻薄笔记本
CPU 型号	Intel 酷睿 i3 10110U
内存容量	8GB
硬盘容量	512GB SSD 固态硬盘
屏幕尺寸	14 英寸
显卡类型	集成显卡
笔记本重量	1.5kg
长度	327.1mm
宽度	241mm
厚度	19.9mm

推荐原因：

联想 IdeaPad 14s（i3 10110U/8GB/512GB/ 集显）上市时间为 2020 年 10 月，搭载 i3 10110U 主流处理器，主频为 2.1GHz，最高睿频为 4.1GHz。内存容量为 8GB，电脑运行流畅。双核心四线程在多任务运行时表现较弱。存储设备方面，使用 512GB SSD 固态硬盘，能够满足基本日常存储需求。屏幕尺寸为 14 英寸，为主流笔记本屏幕尺寸，方便携带。显卡采用集成显卡，无独立显卡，游戏性能略显吃力，但日常影音娱乐毫无问题。

表 1-10　　轻薄笔记本电脑推荐配置（二）

性能指标	规格
型号	戴尔灵越 15
上市时间	2019 年 9 月
价格参考	3299 元
产品定位	轻薄笔记本
CPU 型号	Intel 酷睿 i3 1005G1
内存容量	8GB
硬盘容量	256GB SSD 固态硬盘
屏幕尺寸	15.6 英寸
显卡类型	集成显卡
笔记本重量	1.83kg
长度	364mm
宽度	249mm
厚度	18mm

推荐原因：

戴尔灵越 15（Ins 15-5593-D1405S）上市时间为 2019 年 9 月，搭载 i3 1005G1 主流处理器，主频为 1.2GHz，最高睿频为 3.4GHz。内存容量 8GB，电脑运行流畅。双核心、四线程在多任务运行时表现较弱。存储设备方面，使用 256GB SSD 固态硬盘，能够满足基本日常存储需求。屏幕尺寸为 15.6 英寸，为主流笔记本屏幕尺寸，方便携带。显卡采用集成显卡，无独立显卡，游戏性能略显吃力，但日常影音娱乐毫无问题。

>> 1.6.2　全能笔记本电脑配置

全能本和轻薄本在外观和重量方面没有太大的差别，一般地，全能本配置了 MX 系列显卡，可以提供更强的 3D 性能，在游戏、影音娱乐等方面有更好的表现。但是，全能本的专用显卡不如游戏本，在价格方面比轻薄本略高，适用于对轻薄便携有要求，但是也需要在 3D 性能方面有部分提高的人群购买。全能本和轻薄本的优缺点基本一致，这部分笔记本电脑的价格大部分集中在 4500~7500 元不等。所以，在选择全能笔记本电脑方面，结合当下热门机型，做出表 1-11 和表 1-12 所示推荐。

表 1-11　　全能笔记本电脑推荐配置（一）

性能指标	规格
型号	惠普战 66 Pro 14 G4
上市时间	2020 年 10 月
价格参考	5000 元
产品定位	全能笔记本
CPU 型号	Intel 酷睿 i5 1135G7
内存容量	8GB
硬盘容量	512GB SSD 固态硬盘
屏幕尺寸	14 英寸
显卡类型	NVIDIA GeForce MX 450 2GB
笔记本重量	1.38kg
长度	321.9mm
宽度	213.9mm
厚度	19.9mm

推荐原因：

惠普战 66 Pro 14 G4（i5 1135G7/8GB/512GB/MX450）上市时间为 2020 年 10 月，搭载 i5 1135G7 中端主流处理器，主频为 2.4GHz，最高睿频为 4.2GHz。内存容量为 8GB ，电脑运行流畅。四核心八线程在多任务运行时表现较好。存储设备方面，使用 512GB SSD 固态硬盘，能够满足基本日常存储需求。屏幕尺寸为 14 英寸，为主流笔记本屏幕尺寸，方便携带。显卡采用性能级独立显卡，显卡类型为 NVIDIA GeForce MX450，显存为 2GB，游戏性能方面表现较强。

表 1-12　　全能笔记本电脑推荐配置（二）

性能指标	规格
型号	戴尔成就 3000 14
上市时间	2020 年 12 月
价格参考	3899 元
产品定位	全能笔记本

性能指标	规格
CPU 型号	Intel 酷睿 i5 1135G7
内存容量	4GB
硬盘容量	256GB SSD 固态硬盘
屏幕尺寸	14 英寸
显卡类型	NVIDIA GeForce MX 330 2GB
笔记本重量	1.59kg
长度	328.7mm
宽度	239.5mm
厚度	19mm

推荐原因：

戴尔成就 3000 14（Vostro 14-3400-R1605d）上市时间为 2020 年 12 月，搭载 i5 1135G7 中端主流处理器，主频为 2.4GHz，最高睿频为 4.2GHz。内存容量为 4GB，电脑运行较为流畅，四核心八线程在多任务运行时表现较好。存储设备方面，使用 256GB SSD 固态硬盘，能够满足基本日常存储需求。屏幕尺寸为 14 英寸，为主流笔记本屏幕尺寸，方便携带。显卡采用性能级独立显卡，显卡类型为 NVIDIA GeForce MX 330，显存为 2GB，游戏性能方面表现较强。

》1.6.3 游戏笔记本电脑配置

游戏笔记本电脑简称游戏本。游戏本完全不同于轻薄本，其各个硬件配置和规格都很高，如 CPU、显卡等硬件都更加庞大；但同时相较于轻薄本，其续航能力、散热能力等要差很多。游戏本除了大部分游戏需求外，也适合对 3D、制图方面有较高需求的人群购买。其产品价格一般较高，价格大部分集中在 5000~9000 元不等。所以，在选择游戏本方面，结合当下热门机型，做出表 1-13 至表 1-15 所示推荐。

表 1-13　游戏笔记本电脑推荐配置（一）

性能指标	规格
型号	戴尔 G5 15 游戏本 (G5 5500-R1642B)
上市时间	2020 年 5 月
价格参考	5999 元

性能指标	规格
产品定位	入门级游戏本
CPU 型号	Intel 酷睿 i5 10300H
内存容量	8GB
硬盘容量	512GB SSD 固态硬盘
屏幕尺寸	15.6 英寸
显卡类型	NVIDIA GeForce GTX 1650 Ti
显存容量	4GB

推荐原因：

　　戴尔 G5 15 游戏本（G5 5500-R1642B）上市时间为 2020 年 5 月，搭载 i5 10300H 中端主流处理器，主频为 2.5GHz，最高睿频为 4.5GHz。内存容量为 8GB，电脑运行流畅，四核心八线程在多任务运行时表现较好。存储设备方面，使用 512GB SSD 固态硬盘，能够满足基本日常存储需求。屏幕尺寸为 15.6 英寸，为主流笔记本屏幕尺寸，方便携带。显卡采用发烧级独立显卡，显卡类型为 NVIDIA GeForce GTX 1650 Ti，显存为 4GB，游戏性能方面表现较强。

表 1-14　游戏笔记本电脑推荐配置（二）

性能指标	规格
型号	惠普暗影精灵 6
上市时间	2020 年 7 月
价格参考	8499 元
产品定位	中端游戏本
CPU 型号	Intel 酷睿 i7 10750H
内存容量	16GB
硬盘容量	512GB SSD 固态硬盘
屏幕尺寸	15.6 英寸
显卡类型	NVIDIA GeForce RTX 2060
显存容量	6GB

推荐原因：

惠普暗影精灵 6（i7 10750H/16GB/512GB/RTX2060/144Hz）上市时间为 2020 年 7 月，搭载 i7 10750H 高端处理器，主频为 2.6GHz，最高睿频为 5GHz，内存容量为 16GB，电脑运行非常流畅，六核心十二线程在多任务运行时表现很好。存储设备方面，使用 512GB SSD 固态硬盘，能够满足基本日常存储需求。屏幕尺寸为 15.6 英寸，为主流笔记本屏幕尺寸，方便携带。显卡采用发烧级独立显卡，显卡类型为 NVIDIA GeForce RTX 2060，显存为 6GB，游戏性能方面表现非常强。

表 1-15　游戏笔记本电脑推荐配置（三）

性能指标	规格
型号	神舟战神 GX10-CT9Pro
上市时间	2019 年 9 月
价格参考	19999 元
产品定位	高端游戏本
CPU 型号	Intel 酷睿 i9 9900K
内存容量	16GB
硬盘容量	512GB SSD 固态硬盘 +2TB 机械硬盘
屏幕尺寸	17.3 英寸
显卡类型	NVIDIA GeForce RTX 2080 Max-Q
显存容量	8GB

推荐原因：

神舟战神 GX10-CT9Pro 上市时间为 2019 年 9 月，搭载 i9 9900K 旗舰处理器，主频为 3.6GHz，最高睿频为 5GHz。内存容量为 16GB，电脑极速运行，八核心十六线程在多任务运行时表现极好。存储设备方面，使用 512GB SSD 固态硬盘 +2TB 机械硬盘，能够满足多种文件存储情况。屏幕尺寸为 17.3 英寸，超大屏，可满足游戏需求。显卡采用发烧级独立显卡，显卡类型为 NVIDIA GeForce RTX 2080 Max-Q，显存为 8GB，游戏性能方面表现极强。

第 2 章
电脑硬件选购

　　数年前，在电脑还没有像现在这么种类齐全且功能丰富时，人们对电脑的了解还知之甚少，在进行电脑选购时还局限在价格方面，而不是现在人们普遍关注的性价比。那时评价电脑性能的标准是这样的：CPU（中央处理器）要酷睿的，显存越高越好，RAM（随机存取存储器）越多越好，ROM（只读存储器）越大越好。了解电脑的过程漫长而有趣，这是一个不断摸索、解密的过程。希望读者通过对本章的阅读能够对电脑的硬件有一定的了解，从而爱上这个不断发展的"聪明的大脑"。

2.1　CPU 选购

≫ 2.1.1　CPU 的重要选购指标

　　CPU 作为电脑硬件的重要组成部分，其主要参数包括主频、外频、倍频、缓存等，这些参数通常标记在 CPU 的包装盒上，如图 2-1 所示。

图 2-1　CPU 的重要选购指标

　　由这些参数对应的 CPU 选购指标有如下几种。

　　（1）主频、外频及倍频。一般情况下，CPU 的时钟频率越高，其运行速度越快。外频是 CPU 的基本频率，决定了 CPU 的运行速度。

　　（2）缓存。缓存的工作效率高于内存，缓存容量的增大可以提高 CPU 读取数据的效率，因此选购 CPU 时要注意缓存的结构以及大小。

　　（3）核心数。通常情况下，物理核心越多，CPU 的性能就越强，目前 CPU 已经发展到了 16 核心。

　　（4）用途。对于游戏玩家来说，最好配备 Intel i7（酷睿 i7 处理器）以上的处理器。

但如果仅为普通商务办公用，那么选择普通入门级处理器即可。

（5）兼容性。选购 CPU 时非常重要的一点就是必须与主板兼容，若不兼容，CPU 就不能正常使用，不能发挥其全部性能，对于电脑来说也会是一个重要隐患。

≫ 2.1.2 CPU 选购技巧

用户在选购 CPU 时需要考虑多方面的因素。

1. 区别 CPU 包装

在辨别 CPU 真伪之前，首先要知道 CPU 的 4 种包装，即中文盒装、英文盒装、散片深包、普通散片。

（1）中文盒装：利用原厂生产和包装，通过正规的销售渠道销售，CPU 没有经过拆封，在 CPU 风扇上标记序列号，有售后保障。

（2）英文盒装：市面上销售最多的盒装 CPU，由代理商提供售后质保，价位相对于中文盒装低一些。

（3）散片深包：为散片 CPU 配备廉价风扇，一般情况下，代理商也可以提供质保，但没有由正规渠道销售出的盒装 CPU 质保年限多。

（4）普通散片：没有散热器，也没有包装盒，因此价格便宜，但要谨慎选择。

2. 识别 CPU 真假

序列号是识别 CPU 真伪的一个重要依据，如果是盒装 CPU，那么 CPU、包装盒及散热器上的序列号原则上是"三码合一"的，也就是说，如果这些码对不上，那么就不是正品。除此之外，由散热器风扇也可以分辨出 CPU 的真伪，正品 CPU 散热器风扇有规定的卡子用来规定导线，而假 CPU 则没有。

3. 通过是否有散热器选购

CPU 工作时会产生很多热量，好的风扇可以帮助 CPU 散热降温，降低对 CPU 的损伤。正品盒装 CPU 都会附带原装散热器，用户在购买 CPU 时一定不要忽视。

4. 通过质保期限选购

盒装正品的 CPU 一般为用户提供 3 年质保，而散片 CPU 厂商一般只提供 1 年质保，因此盒装 CPU 的价格也要稍微昂贵一些。

2.2 主板选购

≫ 2.2.1 主板的构成

主板又称底板或母板，主要由芯片组、扩展插槽、主要接口、主板平面几部分构成。图 2-2 所示为一块主板外观。

图 2-2　主板外观

≫ 2.2.2 主板的插槽模块

主板上的插槽主要包含两大模块：对内插槽和对外接口。本节将配合图片说明主板上的插槽用途。

CPU 插座是 CPU 连接主板的纽带，CPU 类型不同，插座也随之不同。内存插槽位于 CPU 插座的下方。

其中，位于北桥芯片和 PCI（周边元件扩展接口）插槽之间的为 AGP（图形加速端口）插槽，其颜色多为深棕色。在 PCI Express（新一代的总线接口）面世之前，市面上被用户追捧的仍为 AGP 显卡。

随着数码行业的不断发展，用户对 3D 体验要求不断升高。AGP 已经渐渐满足不了用户的需求。PCI Express 插槽的出现改善了 AGP 的传输速度，能为用户提供更好的视觉体验。PCI 插槽多为乳白色，用于连接声卡等外部设备，如图 2-3 所示。

图 2-3   PCI 插槽

》2.2.3 主板的常用接口

主板上的对外接口主要有硬盘接口、PS/2 接口、USB 接口、LPT 接口和 MIDI 接口等。

1. 硬盘接口

常见的硬盘接口有 IDE（电子集成驱动器）和 SATA（串行 ATA，一种电脑总线）两种。IDE 接口通常紧挨 PCI 插槽，但在新型主板上，IDE 接口已经渐渐被 SATA 接口取代，如图 2-4 所示。

图 2-4   SATA 接口

2. PS/2 接口

PS/2 接口用于连接键盘与鼠标，一般情况下，绿色为鼠标接口，紫色为键盘接口。

3. USB 接口

USB 接口是应用最广泛的对外接口，摄像头、网卡、闪存等都可以用到 USB 接口，如图 2-5 所示。除此之外，用户还可以通过 USB 接口获得主板的电流。目前，USB 接口已经支持外接 127 个设备，十分便于使用。

图 2-5   USB 接口

4. LPT 接口和 MIDI 接口

LPT 接口用于连接打印机或扫描仪等外围设备；MIDI 是一种圆形接口，通过连接 MIDI 设备传送各种 MIDI 信号。

》2.2.4 主板的重要性能指标

不同的主板，其主要性能不尽相同，而且价格各异。因此，用户在选购主板时，要考虑主板多方面的性能指标，包括主板类型、对内存插槽的支持、扩展性能与外围接口等。接下来介绍主板的一些主要性能参数。

1. 支持 CPU 的类型

不同的主板对应的 CPU 插座类型不同，而 CPU 只有配备合适的主板，才能发挥其全部性能，达到额定的频率。

2. 主板板型

主板板型是根据机箱体积确定的。目前，主板主要有 E-ATX、ATX、MATX、ITX 几种板型。机箱体积不同，需要的主板板型也不同，如 mATX、ITX 就适合较小体积的机箱。

3. 对内存的支持

内存插槽的类型能够体现扩展性的优劣，不同主板所能支持的内存频率不同。因此，主板支持的内存类型就体现了不同程度的扩展性。部分用户为了提高电脑性能，会优先选择主频较高的内存，这时主板的选择就会十分重要。

4. 外围接口

选购主板时，也应考虑主板上有没有多余的外围接口，为日后的升级做好准备。

5. 特殊功能

有些主板会附带一些特殊功能，但有时这些特殊功能是不被用户需要的，这时就需要用户多加考虑。

≫ 2.2.5 主板的选购技巧

主板是保障电脑性能的基础，为电脑提供安全的运行环境。用户在选购主板时，一定要选择符合自己要求的主板。选购主板时，用户具体应该考虑如下方面。

1. CPU 类型

由于主板不同，其所能支持的 CPU 类型不同；且 CPU 不同，其插座类型也不同，因此，用户在选购主板时要考虑 CPU 的类型。

2. 主板结构

不同的主板为 CPU 提供不同的对外接口，如 Intel 和 AMD 公司的处理器接口就有所不同。因此，用户在选购主板时需要考虑 CPU 需要主板提供的接口类型。

3. 芯片组

芯片组是构成主板的核心部件，芯片对主板的性能优劣有直接影响。因此，一定要选择先进的芯片集成的主板。

4. 品牌

主板市场百家争鸣，用户在选购主板时有多个品牌可以选择，主要品牌有华硕、技嘉、微星、映泰等。

5. 售后服务

不论主板的价格有多高、性能有多好，都会有出现这样那样问题的时候，因此，用户要特别看重主板的售后服务，看厂商是否能在不同地区提供售后服务，方便用户及时解决主板出现的问题。

2.3 专题分享——内存选购

2.3.1 内存的分类及区别

不同类型的内存，其传输类型、工作频率、工作方式等均有所不同，因此，市场上的内存被划分成不同的类别，主要有 SDRAM、DDR 系列、RDRAM 等。其中，SDRAM 已经逐渐被市场淘汰，DDR 系列的内存占据了大部分市场。

1. SDRAM

SDRAM 同步动态随机存储器曾经被广泛应用于 PC 电脑，SDRAM 的工作速度与系统的时钟频率同步，可避免不必要的存储时间，从而减少用户的等待周期。SDRAM 拥有 PC66、PC100 等多种规格，这些规格以内存正常工作的最大系统总线速度命名。

2. DDR SDRAM

DDR SDRAM 是在 SDRAM 的基础上发展而来的，其相对于 SDRAM 的升级在于在一个时钟周期内，即上升期和下降期内分别进行一次数据传输，总共传输两次数据。因此，DDR SDRAM 也被称为双倍速率 SDRAM，有 184 个引脚，如图 2-6 所示。

图 2-6　　DDR SDRAM

DDR3 采取了 DDR2 的提频方式，进一步提升了内存带宽和频率；DDR4 则在 DDR3 的基础上再次提升了一倍的速度，达到了 16bit 预取机制，且降低了工作电压及功耗，既保证了传输速度和效率，又节省了能源消耗。

》2.3.2 影响内存性能的重要参数

1. 内存频率

通常通过测试游戏运行帧数评判一台电脑的性能高低。在硬件全速运行的情况下，频率对内存性能的影响有明显体现，频率越高，内存性能越强，电脑运行速度越快。

2. 内存容量

内存容量越大，电脑运行速度越快。步入 DDR4 时代以来，用户追求极致的系统运行体验，对内存容量的要求也越来越高，4GB 内存已经成为用户的入门之选，甚至有被放弃的趋势。主流市场更倾向于 8GB 甚至 16GB 内存。对于专业平台来说，在内存容量的选择上已经达到了 32GB 甚至更高。用户在选择内存时，一定要考虑自身需求，避免因内存不足导致一系列问题。

3. 工作电压

工作电压是指内存稳定工作时的电压。起初的 DDR 时代，工作电压高达 2.5V，DDR2 降到了 1.8V，DDR3 降到了 1.5V，到 DDR4 时代已经将工作电压降到了 1.2V，力求将功耗降到最低。

4. 内存带宽

内存带宽指的是数据在内存上的传输速率，即数据每秒进入内存的最大字节数。

》2.3.3 内存的选购注意事项

本节为读者介绍一些内存的选购注意事项。

1. 选择合适的内存容量

用户在选购内存之前，首先要明确内存的用途，即购买目的。若用户只需浏览网页、看电影、听音乐等，则建议购买 4GB 等较小的内存即可，避免造成浪费；但对于有特殊需求的游戏玩家来说，建议购买 8GB、16GB 等容量稍大的内存。

2. 选择合适的内存类型

用户在选购内存之前，首先要考虑到

主板与内存的兼容性，再考虑入手 DDR2、DDR3 或 DDR4 等类型的主板。

3. 选择合适的品牌

如今，内存市场多个品牌竞相推出主流产品，每个品牌优势各有不同，用户可在购买内存之前通过网站了解各个品牌的内存参数，选择适合自己的品牌。

4. 选择正品内存

购买内存时，要注意查看防伪标识，选购正规产品。

2.4 硬盘选购

≫ 2.4.1 通过外观和内部结构认识硬盘

硬盘作为个人电脑主要的硬件存储设备之一，可以说在整个个人电脑系统中起着非常重要的保护作用，因为绝大多数的存储数据是通过整个硬盘软件进行存储的，这些存储数据比整个硬盘本身甚至整台个人电脑要宝贵许多。

1. 外观

如图 2-7 所示，正面是硬盘的基本说明，有容量、转速、型号、序列号、品牌等信息，四周有 6 个螺丝；背面为电路板，由 6 个螺丝固定。

图 2-7　　硬盘的正面及背面

2. 内部结构

揭开硬盘上盖，可以发现一个一尘不染的圆盘，这就是磁盘盘片，用于保存硬盘中的信息；长条形的组件是磁头组件，可通过它对数据进行读取、存储；硬盘后部的金属是一块磁铁，可控制磁头进行左右移动；磁盘中间的圆柱就是主轴，用于控制硬盘的转速，如 7200r/min，就是它的功劳。硬盘内部结构如图 2-8 所示。

图 2-8　　硬盘内部结构

≫ 2.4.2 硬盘的主要性能指标

（1）主轴转速：决定硬盘内部数据传输速率的决定因素之一，其对硬盘速度有直接影响，也是区别一个硬盘档次高低的重要标志。

（2）硬盘表面温度：硬盘连续工作一段时间后内部会产生温度，温度的波动会影响硬盘的工作情况。

（3）高速缓存：高速数据处理存储器。缓存的大小与速度直接影响硬盘的传输速度，缓存容量大，能够极大提高硬盘的性能。

（4）硬盘容量：衡量一块硬盘好坏的重要指标。硬盘容量越大，平均访问时间越短，效率越快，成本越低。

（5）硬盘接口：有 ATA 接口、IDE 接口、SATA 接口等。其中，ATA 接口已经慢慢被市场淘汰，取而代之的是 SATA 接口。SATA 接口也称为串行接口，具有结构简单、即插即拔等优点。

≫ 2.4.3 选购硬盘的注意事项

1. 主控与闪存

硬盘最主要的工作控制硬件就是主控与闪存，其中主控相当于一台平板电脑的 CPU。主控与闪存会直接影响硬盘的稳定性、速度、寿命等。

2. 硬盘闪存架构

闪存架构十分重要，固态硬盘的闪存架构有 3 种，分别是 SLC、MLC、TLC。

（1）SLC 架构：寿命长、造价高，多被企业级或专业级数据处理系统产品所使用。

（2）MLC 架构：工作时依赖高低电压，寿命长，造价可接受，多用于民用中高端产品。

（3）TLC 架构：普通的 MLC 架构的一个延伸，存储密度高、成本低，多用于低端存储产品，价格也更容易被用户接受。

3. 固态硬盘的读写速度

固态硬盘相比于机械硬盘，其突出优势就是数据读写速度快，故数据访问也快。

4. 硬盘接口

用户在选购硬盘时，应先考虑电脑主板支持什么接口的硬盘。常见的接口有 SATA、IDE 等。

5. 硬盘品牌及容量

在选购硬盘时，如果以上参数我们都有所掌握，那么接下来就要考虑硬盘容量和品牌。为了保障性能和品质，一线硬盘厂商当然是首选。但无论是一线品牌还是大容量用户，都要考虑预算问题。如若预算不是特别充足，二线品牌的部分产品也可以考虑入手。

2.5 显卡选购

≫ 2.5.1 认识显卡

显卡也称为图形加速卡，是电脑最基本的部件，用来连接显示器和电脑主板，如图 2-9 所示。其主要用途为将由主机输出的数字信号转化为模拟信号，并向显示器提供扫描信号，使显示器能够正确显示。其主要组成有 GPU、显示内存、PCB、散热器等。

图 2-9　显卡

根据形态可将显卡分为独立显卡和集成显卡。集成显卡集成在 CPU 中，与 CPU 共享内存，功耗低，发热量低，但不能升级；独立显卡的优点在于无须占用系统内存，但需要插入 PCI-E 接口，效果与性能更佳。对于喜欢玩游戏和从事专业图形设计的人来说，好的显卡可以带来更高的分辨率和帧数，使画面更加流畅。

≫ 2.5.2 显卡的主要参数

显卡是继处理器之后，用户最为关心的

硬件。要判断一款显卡好坏和性能高低，就需要先了解显卡的主要参数。按显卡的部件分成两部分来对其参数进行介绍。

1. 显示芯片

（1）芯片厂商

目前主流的独立显示芯片生产厂商主要有两家，分别是 NVIDIA（英伟达公司）和 AMD。

（2）核心频率

显卡的核心频率是指显卡核心的工作频率，其中最大频率为显卡工作时的最高频率。显卡的频率越高，性能越强。但是，显卡的核心频率只能在一定程度上反映显示核心的性能，而显卡的性能是由多方面情况决定的。因此，在显示核心不同的情况下，核心频率高并不代表此显卡性能就比较强。

（3）显示芯片位宽

显示芯片位宽是指显示芯片内部数据总线的宽度，即显示芯片内部采用的数据传输位数。位宽是决定芯片级别的重要参数之一。

2. 显示内存（简称显存）

（1）显存类型

显卡上采用的显存类型主要有 SDR、DDR SDRAM、XDR2 DRAM 等。

（2）显存带宽

显存带宽是指显示核心与显示通信之间的数据宽度。显卡的显存带宽越大，单位时间内数据交换量越大。

（3）显存容量

显存容量的大小决定显存临时存储数据能力的强弱，显存容量已经从早期的512KB、1MB、2MB 等极小容量发展到如今的 32MB、64MB，甚至 512MB、1GB。显存容量是继显示芯片和显存带宽之后要考虑的参数，然而，并非显存容量越大就意味着显卡的性能越强。

（4）显存频率

显存频率在一定程度上反映了该显存的速度，单位是 MHz。显存频率的高低和显存类型有非常大的关系。

≫ 2.5.3 集成显卡和独立显卡的选择

显卡主要有主板集成显卡和独立显卡两种。在品牌电脑中，采用集成显卡和独立显卡的产品约各占一半；而在低端电脑中更多采用集成显卡，在中、高端电脑市场则较多采用独立显卡。

1. 集成显卡

集成显卡也叫作处理器显卡，是指芯片组集成了显示芯片。使用这种芯片组的主板不需要独立显卡就可以实现普通的显示功能，可以满足一般的家庭娱乐和商业应用，节省用户购买显卡的开支。

通常，集成的显卡不带有显存，而是将系统的部分主存作为显卡的显存，具体容量可以根据用户需要进行调整，因此集成显卡的性能要稍微逊色于独立显卡。其优点是兼容性好，且购买成本低，用户可以后期对其进行升级；缺点是占用系统主存，拖滞系统运行。

2. 独立显卡

独立显卡又分为两种，即内置独立显卡和外置独立显卡。独立显卡简称独显，是指板卡独立存在，需要与主板的接口相连接。独立显卡具备单独的显存，在技术上胜于集成显卡，且独立显卡不占用系统内存，不会拖滞系统运行。

≫2.5.4 显卡的选购技巧

对用户而言，最重要的是针对自己的实际需求和预算决定购买哪种显卡。一旦确定了具体需求，用户在购买时就可以轻松做出正确的选择。一般来说，按需选购是配置电脑配件的一条基本法则，显卡也不例外。所以，在购买显卡之前，一定要先了解购买显卡的主要目的，以及对显卡的要求是什么。

1. 普通型用户

对于一般有办公需求和家庭需要的普通用户，电脑需要做的工作比较简单，因此对显卡要求较低，甚至无须购买独立显卡，反而集成显卡价格较低，且不用过多考虑兼容问题。

2. 高端玩家型用户

对于游戏玩家来说，独立显卡显得尤为重要。由于游戏更新非常快，因此为了良好的游戏体验，游戏玩家多数需要配备"核心显卡 + 独立显卡"，这样才能保证系统平稳运行。高规格显卡的价格也比较高。

3. 高需求型用户

一些从事平面设计、三维动画制作的专业人员需要规格更高的显卡，因为这类用户往往对显卡的 2D 甚至 3D 性能有要求，预算较高，NVIDIA 和 ATI（知名显示芯片厂商，与 NVIDIA 齐名）系列的中高端产品是这类用户的良好选择。

在选购显卡时还应该关注如下信息。

1. 显卡外观

购买显卡时要观察说明是否存在字迹磨损，还要观察 PCB 及周围线路是否制作规范。

2. 散热

显卡工作时会产生额外热量，散热材料往往影响显卡性能，因此要注意散热片的制作材料及形状。

3. 芯片造假问题

不同显卡芯片档次有所不同，购买显卡时可以取下散热片观察芯片表面有无磨损。

2.6 液晶显示器选购

≫2.6.1 认识液晶显示器

显示器是电脑的一种输出设备，是用户与电脑沟通的桥梁，用户可以通过显示器观察电脑的运行情况。

液晶显示器是用液晶面板做屏幕的一种显示器，图 2-10 为液晶显示器。

图 2-10　液晶显示器

≫2.6.2 液晶显示器的参数和指标

液晶显示器的性能指标包括屏幕尺寸、屏幕显示比例、接口、液晶面板种类、分辨率、色彩表现、对比度等。

1．屏幕尺寸

屏幕尺寸是使用整个屏幕的对角线进行标注的。

2．屏幕显示比例

屏幕显示比例使用"水平：高度"表示。

3．接口

显示器的接口类型要与显卡的输出接口类型相对应才能使用。目前主流液晶显示器接口包含 DVI 接口与 HDMI 接口，部分液晶显示器还包含老式的 VGA 接口。

4．液晶面板种类

面板类型有很多种，从某种意义上来说，价格高的面板质量优于廉价面板。多数廉价的 LCD（液晶显示器）产品采用 TN 面板。如果为了追求逼真，色彩，可以选用 IPS、PLS 型面板。

5．分辨率

分辨率就是屏幕上显示的像素个数，用"横向点 × 纵向点"表示。一般情况下，分辨率越高，屏幕呈现的画面越清晰，但这并不意味着分辨率与清晰度有实际意义上的正比关系。常见的分辨率有 3840×2160（16∶9）、1920×1080（16∶9）、1920×1200（16∶10）、1680×1050（16∶10）和 1440×900（16∶10）。

6．色彩表现

目前主流显示器的面板色彩数为 16.7M，能支持 16.7 百万色，显示器能显示的色彩数量为 10.7 亿种。

7．对比度

对比度是显示器显示色阶的参数。对比度越高，参数越高，画面质感就越好。换言之，高对比度可以呈现更好的亮度和颜色的艳丽程度。

》2.6.3 液晶显示器的选购要素

1．尺寸

在尺寸的选择上，一些用户容易陷入屏幕尺寸越大越清晰的误区。实际上，尺寸大小的选择更大程度上取决于用户的用途，如果是普通家用，选择 24 英寸的显示器即可够用。

2．分辨率

分辨率的选择与显卡的配置密不可分，不同显卡能支持的显示器分辨率不同，多为 2K、4K，甚至 8K。但一般来说，2K 已经能够满足多数用户的需求。

3．IPS 硬屏

IPS 硬屏显示器在色彩饱和度、画面质感等方面对用户有直接影响。由于硬屏液晶分子稳定性高，且其分子结构坚固，因此不会产生画面失真，甚至可以保护画面色彩，最大程度地使画面效果不被损害。判断显示器是否是硬屏的方法是轻触显示屏，看有无水纹，无水纹则为硬屏。

4．接口

很多用户在选择显示器时会忽略接口问题，在这里提醒大家，最好选择接口丰富的显示器。

2.7　光驱与刻录机选购

》2.7.1 光驱的组成及光驱的分类

光驱即电脑中用来读光盘的组件，通常在台式机、部分便携式笔记本电脑中可以见到。为了适应现代多媒体的快速发展，光驱早已成为电脑中的标准配置。

就目前而言，光驱大致包括 CD-ROM 光驱、DVD 光驱、康宝（COMBO）光驱和刻录光驱等。

（1）CD-ROM 光驱：又称紧凑型光盘只读存储器，是一种只读的光存储介质，利用激光读取光盘数据。

（2）COMBO 光驱：将 CD 刻录、CD-ROM 和 DVD-ROM 功能都集于一身。

（3）刻录光驱：包括 CD-R、DVD 刻录机及蓝光刻录机等。

（4）DVD 光驱：用于读取 DVD、CD 光盘的光驱，还能够兼容 CD 碟片，如图 2-11 所示。现有的 DVD 光盘大致可分为：DVD－ROM、DVD－R、DVD－RAM、DVD－RW，DVD 光驱多采用 ATAPI/EIDE 或 Serial ATA，可以连接到 IDE 或 SATA 接口上。现在有外置笔记本光驱，非常轻薄，使用 USB 接口。

图 2-11　DVD 光驱

≫ 2.7.2 光驱的参数及选购指标

1. 缓存容量

光盘刻录就是从硬盘中取出数据到缓存中，再写入光盘的过程。这一过程中缺少任何一步都会使刻录过程失败。在这其中缓存起到了重要作用，因此缓存的容量要仔细考虑。目前大多数光驱的缓存是 2MB 以上的大容量缓存。

2. 盘片兼容性

光驱支持高速刻录的同时，光盘也要能够支撑高速刻录，这样配套的设施才能够更好地完成高速刻录。

3. 刻录稳定性

如果追求刻录高速，那么肯定会降低稳定性。所以，要挑选在长时间工作的情况下还能够保持好的稳定性的光驱。

≫ 2.7.3 刻录机的工作原理

光盘读盘是通过激光照射到光盘上后产生的不同方向的反射光对应不同编码来实现的。之所以产生不同方向的反射光，是因为光盘上存在着不同程度的"凹陷"，不同刻录机的"凹陷"形成方式不同。CD-ROM 刻录机的"凹陷"是印制的，而 CD-R 刻录机是烧制的。

≫ 2.7.4 刻录机的性能指标

光盘刻录的重点在于刻录机和盘片，衡量一个刻录机好坏的指标有读写速度、缓存容量、盘片兼容性等。

1. 读写速度

理论上来说，刻录机读取和写入数据的速度越快，性能越好；但实际上，刻录机写入的速度要远远低于其读取数据的速度。因此，若盲目考虑读写速度而忽视盘片兼容性等其他因素，可能会造成"飞盘"。刻录机读写速度有 48X、32X、8X、1X 等，刻录软件会给出相应的推荐，一般情况下 8X 已能满足普通需要。

2. 缓存容量

刻录机在刻录数据时，首先会将数据写入缓存区，等待刻录软件的调用。因此，只有刻录机缓存容量充足，才能保证数据被成功刻入。刻录机产品的缓存容量一般有2MB、4MB、8MB等。

3. 盘片兼容性

盘片是刻录数据的载体，现有CD－R和CD－RW两种盘片。CD－R盘片又因其介质层的不同被分为绿碟、金碟和蓝碟3种。绿碟的优势在于兼容性较好；金碟是绿碟的改良版；蓝碟的兼容性相对较差，但是性价比较高。CD－RW的盘片制造商较少，性能差别也不是很大。

≫ 2.7.5 光驱及刻录机选购指南

在选购光驱和刻录机时，要根据多方面的性能指标及参数，通过综合评价做出选择。

1. 兼容性

要考虑固件能否升级，且固件升级之后是否能有效提升性能，解决兼容性问题。

2. 噪声和散热性

光驱高速运行时，产生的噪声越大，散发的热量也越多。因此，在选购光驱和刻录机时一定要考虑噪声和散热性问题。

3. 品牌

好的光驱和刻录机品牌在兼容性、散热性等方面都有较高的配置，而且会有良好的售后保障，因此推荐用户购买华硕、三星等正规品牌，且要考虑性价比问题。

4. 速度

用户可以在配置过关的前提下购买较快的刻录设备，提高工作效率，但要避免因配置不够而盲目追求高速，造成"飞盘"现象。

2.8 机箱、电源选购

≫ 2.8.1 认识机箱和电源

机箱中搭载着电脑的许多主要配件，机箱的主要作用就是固定和保护这些配件，如图2-12所示。电源主要负责把普通的220V交流电隔离并变换为电脑需要的稳定低压直流电。这两个都是通用的电脑外设。

图 2-12　机箱

≫ 2.8.2 机箱的主要参数

1. 机箱的材质

机箱常用的材质有镀锌板、冷轧板、铝板等。其中，镀锌板具有抗酸、防锈、防蚀的特性，因此其使用年限较长，同时，其外观也比较有质感，是最为常见的机箱材质。可以通过其外观辨认镀锌板机箱。镀锌板通常是灰色的，质地细腻，表面呈均匀颗粒状，经过烤漆等处理后不容易有腐蚀痕迹或磨损。冷轧板、马口铁机箱表面油较多，易腐蚀，易氧化。

2. 机箱的分类

从外形上分类，机箱包括立式机箱和卧式机箱。立式机箱相较于卧式机箱有更好的高度扩展性，能安装更多驱动器，内部散热更好。

从结构上分类，机箱可以分为 AT、ATX、Micro ATX、NLX 等类型。

机箱主要的部分是主板的定位孔，主板定位孔的位置和数量决定了主板的类型。

>> 2.8.3 机箱的选购标准

1. 机箱的外形标准

机箱除了搭载电脑主要配件之外，还能达到装饰的效果，用户可根据个人喜好和需要选择机箱。

2. 机箱的质量标准

机箱必须牢固，能够很好地保护和固定机箱内的硬件设备。

3. 机箱的烤漆技术标准

现在主要流行的烤漆技术有两种，一种是液体烤漆，另一种是粉体烤漆。其中，液体烤漆采用大量有机溶剂，可能会对环境造成严重污染；而粉体烤漆中有机溶剂的使用较少，环境污染问题较小，但同时提高了成本。

4. 机箱的功能标准

机箱应具备前置 USB 接口和前置音频、麦克风插口，同时在机箱顶部或侧板上还应设有散热风扇，以增强机箱内部散热能力。

5. 机箱的扩展能力

机箱应结构合理，内部空间大，散热性能好，还可增加额外的散热设备，方便拆装，有足够的驱动托架。

6. 机箱的散热系统

机箱要能及时将电脑产生的热量排出，否则将影响机箱内配件性能的发挥，而且还会降低配件寿命，甚至会对配件造成不可逆转的伤害。

>> 2.8.4 电源的主要参数

电源的实际输出功率即电源上标注的"电压 × 最大工作电流的总和"。很多用户选择电脑电源时会有一个误区，即认为输出功率越大越好。其实不然，普通合格的 250W 电源对大多数普通用户已经足够，他们最需要的是能够保证电脑稳定工作的电源。图 2-13 所示为一个 250W 的电脑机箱电源。

图 2-13   电源

>> 2.8.5 电源的选购标准

1. 电源的功率

电源的功率指标一般有额定功率、最大功率和峰值功率。针对同一款电源，采用不同的计算方式得到的额定功率、最大功率和峰值功率也未必完全相同，要避免在此处判断失误。例如，一般情况下，中高端配置的电脑电源功率应在 350~500W。

2. 风扇噪声

电脑的散热是很重要的，会影响配件性

能和寿命。要选择风扇声音尽可能小的电源，若选择无风扇的电源，则最好为有独特散热设计，并通过节能认证的产品。

3. 电源认证标志

如果无法对众多的电源认证标志进行识别，则认准 80Plus 认证即可。

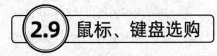

2.9 鼠标、键盘选购

≫ 2.9.1 认识鼠标和键盘

鼠标与键盘是电脑的两个必不可少的外部设备，要选择合适的鼠标与键盘，用户应熟悉其各个部分的功能，包括鼠标的左右按键、鼠标的滚轴、键盘上各个分区的功能等，以便在操作电脑时更加灵活方便。可以说，掌握鼠标与键盘的搭配使用，是每个用户都需要具备的技能。

1. 鼠标

鼠标是电脑的重要配件，用户在购买鼠标时，应认真比较鼠标的外观、种类及各种性能。鼠标是用户使用电脑，如应用电脑软件、绘图、游戏等不可缺少的工具，比起其他一些烦琐的键盘指令，鼠标可使用户的操作更加方便灵活。

如今，随着用户对鼠标性能需求的提升，鼠标已经由最原始的机械鼠标、光电鼠标发展到触控鼠标等。不论从外观或是性能来看，都发生了很大的变化。

2. 键盘

键盘是电脑重要的输入设备。用户可以使用键盘进行中英文、数字及符号等的常规输入，也可以使用键盘上的快捷键对电脑进行简单操作。键盘上除必要的用来进行文字编辑的字母、数字、符号外，还有一些特殊的功能按键，可以进行快捷截屏、调节屏幕亮度、控制系统音量等。

≫ 2.9.2 根据按键结构进行的键盘分类

1. 机械键盘

机械键盘采用金属接触式开关，其手感好，使用寿命长，输入速度快。图 2-14 所示即为一种机械键盘。

图 2-14　机械键盘

2. 塑料薄膜式键盘

塑料薄膜式键盘主要由 4 部分组成：面板、上电路、隔离层和下电路。塑料薄膜式键盘广泛应用于笔记本电脑，特点是成本低、噪声小、外形美观。

3. 电容式键盘

电容式键盘采用电容式开关机制，其特点是价格相对较高。

目前电容式键盘使用并不多，主要是前两种。

≫ 2.9.3 多功能键盘及创意键盘

（1）转盘键盘：通过旋转两端的转盘控制指令输入。

（2）蝶翼分体式个人专属舒适键盘，如图 2-15 所示。

图 2-15 蝶翼分体式个人专属舒适键盘

（3）融合触摸板功能的键盘。

（4）没有实体键盘的可穿戴键盘。

》 2.9.4 根据定位原理进行的鼠标分类

1. 机械式鼠标

机械式鼠标的底部有一个滚轮，因此其也称为滚轮鼠标。机械式鼠标的组成部件主要有滚轮、辊柱和光栅信号传感器。用户拖动鼠标时，鼠标底部的滚轮与鼠标垫产生摩擦发生转动，滚轮又带动辊柱发生位移。辊柱底部装有光栅信号传感器，光栅信号传感器的作用是产生电脉冲信号，将鼠标的移动方向传递给电脑，再通过电脑程序的转换控制电脑上光标箭头的移动。

2. 光电式鼠标

光电式鼠标没有机械式鼠标的滚轮，取而代之的是其内部的发光二极管。使用光电式鼠标的用户会发现，鼠标在使用的过程中底部一直是发光的。当用户移动鼠标时，鼠标内部的芯片会将用户移动鼠标的轨迹记录成一组图像经过分析处理后传递给电脑，完成对屏幕上光标的控制。

3. 光机鼠标

光机鼠标是一种光电和机械相结合的鼠标。光机鼠标的工作原理是当鼠标移动时，由橡胶球带动两个传动轴旋转，而这时光栅轮也在旋转，光敏晶体管在接收发光二极管发出的光时被光栅轮间断地阻挡，从而产生脉冲信号，通过鼠标内部的芯片处理之后被CPU 接收。信号的数量和频率对应屏幕上的距离和速度。

4. 光学鼠标

光学鼠标的工作原理是底部的 LED 灯射向桌面，通过平面的折射透过另外一块透镜反馈到传感器上。当鼠标移动时，成像传感器记录连续的图案，然后通过数字信号处理器对每张图片进行前后对比分析处理，以判断鼠标移动的方向及位移，从而得出鼠标在屏幕上的坐标值，再传给鼠标的微型控制单元。鼠标的处理器对这些数值处理之后，传给电脑主机。

》 2.9.5 无线键盘和鼠标选购技巧

要购买无线键盘，需要关注以下几点。

（1）按键灵敏度：无线键盘的数据通过红外线或无线电波发送，通常都会有延迟性。在购买无线键盘时，可以观察轻按一个键和一排键时键盘的反应速度，应首选没有掉键的键盘。

（2）电池的使用寿命：无线键盘需要使用电池供能，电池的使用时间长短能表明键盘的功耗，应选择电池使用时间长的键盘。

要选择适合自己的鼠标，除了在外形上要符合自己的审美之外，还要有舒适手感、滑动流畅、定位精确、辅助功能强大、性价比高。

2.10 打印机的选购

2.10.1 认识打印机

打印机是电脑的输出设备之一，它将电脑的处理结果以人所能识别的数字、字母、图形等按照规定的格式打印出来，通过具体介质呈现给用户。打印机的性能指标包括分辨率（每英寸的点数）、打印速度（每分钟打印的页数）、颜色（彩色或黑白）和内存（影响文件打印的速度）等。

1. 喷墨打印机

喷墨即将彩色液体油墨经过打印机的喷嘴细化成微粒状，继而喷到打印纸上。

2. 激光打印机

激光打印机是将传统的激光扫描和电子拍照技术结合的一种打印机。

3. 针式打印机

针式打印机是一种特殊的打印机，和喷墨、激光打印机存在很大的差异。

4. 热敏打印机

热敏打印机的工作原理与热敏传真机的工作原理类似，给打印头加热，让其与热敏打印纸接触，即可打印出需要的文字或图案。

5. 条码打印机

条码打印机和普通打印机的区别主要在于条码打印机的介质是碳带，且打印条件是温度。

2.10.2 打印机的性能指标

1. 打印分辨率

打印分辨率是判断打印机输出效果好坏的一个很直接的依据，也是衡量打印机输出质量的重要参考标准。通常打印机在横向和纵向上的分辨率相差无几，分辨率越高，打印效果越好。一般地，以激光打印机为例，其分辨率在 600dpi×600dpi 以上。

2. 打印速度

打印速度表示单位时间内打印机输出页面的数量，单位为 ppm 或 ipm。ppm 标准又分为两种类型，一种表示打印机正常工作时能达到的最高速度，另一种表示平均速度。在对比打印速度这一参数前，应向厂商确认是哪种类型的打印速度。仍然以激光打印机为例，市场上的打印机的打印速度通常可以达到 35ppm 以上。

3. 首页输出时间

首页输出时间是激光打印机的一个特有指标，指的是当激光打印机打印首张页面时，从接收信息开始到输出结束总共耗费的时间。

4. 内置字库

如果打印机设有内置字库，电脑就可以直接将打印机要输出字符的国际编码交给打印机处理，可以大大节省信息传送的时间，提高打印机的工作效率。因此，建议用户购买设有内置字库的打印机。

2.10.3 打印机选购技巧

1. 明确主要需求

这台打印机的主要功能是什么，是否既需要打印，又需要复印、扫描、传真等多个功能。如用户并不需要扫描或传真功能，那么就只需要一台简单的打印机即可。

2. 连接类型

用户需要的打印机是通过 USB 连接或是

无线连接，当然以契合电脑为主。

3. 页面大小

用户需要根据需求（如需要标准页面大小，或需要打印较大的海报）决定需要打印机提供的托盘尺寸。

4. 打印速度

不同品牌或不同产品的打印机，打印速度均有所不同。如果用户对速度有特殊需求，需要打印机有较高的输出效率，可以选择打印速度稍快的打印机。当然，一般打印速度越快，打印机也就越贵。用户在购买打印机时，可以根据需求，综合权衡考虑性价比。

2.11 投影仪选购

》 2.11.1 投影仪的性能指标

投影仪是一种可以将某些部件的轮廓通过光学元件进行放大，将其投影到屏幕上的光学仪器。其性能指标主要有光输出、水平扫描频率（行频）、垂直扫描频率（帧频或场频）、视频带宽、分辨率、CRT 管的聚焦性能等。

（1）光输出：投影仪输出的光能量，单位为流明。当投影仪所能投射的光一定时，其投射面积越大，亮度越低。

（2）水平扫描频率：投影仪每秒扫描次数，即行频。其固定值为 15.625kHz 或 15.72kHz。

（3）垂直扫描频率：单位时间内屏幕刷新次数。垂直扫描频率一般不低于 50Hz，否则会发生图像闪烁。

（4）视频带宽：电子枪在每条扫描线上扫描之后显示的频数和。

（5）分辨率：影响成像精细程度，单位为 dpi、lpi 和 ppi。投影仪的分辨率主要以电视线或像素两种方式表现。

》 2.11.2 投影仪的常见类型

按应用环境分，投影仪主要有以下 4 类。

1. 家庭影院型

家庭影院型投影仪会针对视频方面进行优化，投影画面的高低比例为 16∶9，适合播放电影和高清电视，常用于家庭用户。

2. 便携商务型

便携商务型投影仪具有体积小、重量轻、移动方便的特点，其重量一般低于 2kg。

3. 教育会议型

教育会议型投影仪一般用于学校和企业，其质量适中，性价比较高，易于维护，功能接口丰富，适合批量采购与使用。

4. 专业剧院型

专业剧院型投影仪更注重稳定性，故障率低，散热性高。但其体积较大，重量重，适用于公共区域、剧院、监控交通等。

》 2.11.3 家用与商用投影仪的选购

1. 家用投影仪的选购

（1）选择光源寿命较长的投影仪，这样可缩短维护周期，并减少费用。

（2）选购存储空间较大的投影仪，可保证以后顺利升级。

（3）选购功能性强的投影仪，有些投影仪会出现寿命短、卡顿、黑暗环境中难操作等现象。

（4）家用投影仪亮度在 1000~1600 流明即可。

2. 商用投影仪的选购

（1）根据会议室的结构、室内光线和人数等因素选择合适流明的商用投影仪。如会议室人数少于 100 人，则选择 2500 流明左右的投影仪；如人数在 100~200，则选择 3000 流明左右的投影仪；如人数多于 1000，则选择 5000 流明左右的投影仪。

（2）与家用投影仪相比，商用投影仪重量较轻，便于携带。

（3）商用投影仪的功能越丰富越好。

（4）注意商用投影仪的距离与镜头。商用投影仪的镜头可调节性要好，可方便调节投影出来的画面大小。

≫ 2.11.4 选购投影仪的注意事项

（1）确定投影仪的使用方式：投影仪的使用方式有台面正向投射、天花板吊顶投射等，我们应根据不同的使用方式选购不同的投影仪。

（2）投影仪的主要参数：在选购之前应正确认识各参数含义，才能区分投影档次，选择合适的投影仪。

（3）亮度与对比度要适中：根据室内的面积选择亮度与对比度合适的投影仪。

（4）选择分辨率合适的投影仪：分辨率越高，价格越贵。结合实际的使用方式及自身经济实力，选择分辨率合适的投影仪。

（5）耗材及售后问题：购买时一定要咨询灯泡寿命及更换成本，不同的灯泡价格差距较大。

2.12 扫描仪的选购

≫ 2.12.1 认识扫描仪

扫描仪是电脑的主要输入设备之一，与打印机的作用恰恰相反，扫描仪的作用是利用光电技术和数字处理技术，通过扫描的方式提取包括照片、文本、图纸甚至纺织品在内的介质的信息，再将其输入电脑，是很多用户办公必不可少的外设。扫描仪作为输入设备，与打印机和调制解调器配合，具有复印和发传真功能。

≫ 2.12.2 扫描仪的常见类型

扫描仪可分为 5 类，分别为手持式、平板式、滚筒式、馈纸式和笔式扫描仪。

（1）手持式扫描仪：可折叠、便携带、低碳环保的办公用品。该扫描仪由良田科技研发，可迅速完成拍摄并转换为可编辑的文档，让办公更加轻松、高效。

（2）平板式扫描仪：又称为平台式扫描仪或台式扫描仪，是目前办公扫描仪的主流产品。该扫描仪将光电元件将检测到的光信号转换成为电信号，再将电信号转换成数字信号。

（3）滚筒式扫描仪：是目前最精密的扫描仪。滚筒式扫描仪选用的是 PMT 光电传感，其将扫描到的内容用分色机传入电脑。

（4）馈纸式扫描仪：又称小滚筒式扫描仪，它之所以出现是因为平板式扫描仪较为昂贵，且手持式扫描仪的宽度又不太够。

（5）笔式扫描仪：又称扫描笔或微型

扫描仪。这种扫描仪非常灵活小巧，使用时像笔一样将其贴在纸上扫描，多用在文字识别上。

≫ 2.12.3 扫描仪的性能指标

一般来说，扫描仪的性能指标有 5 个，分别为分辨率、灰度级、色彩位数、密度范围和扫描幅面。下面为大家逐一介绍。

1．分辨率

分辨率也称扫描仪精度，表示扫描仪对图像细节的表现能力。大多数扫描仪的分辨率在 300 ～ 2400dpi。

2．灰度级

灰度级表示图像的亮度层次范围。级数越多，扫描仪图像亮度范围越大，层次越丰富，目前多数扫描仪的灰度为 256 级。256 级灰阶可以呈现出比人类肉眼所能辨识出来的层次还多的灰阶层次。

3．色彩位数

色彩位数也称色彩深度，一般是针对彩色扫描仪而言的，是指扫描仪对图像进行采样的数据位数，即扫描仪所能辨析的色彩范围。色彩位数越多，扫描仪扫描出来的图像就越明艳。例如，常说的真彩色图像的每个像素点由 3 个 8bit 的彩色通道组成。

4．密度范围

密度范围又称像素深度，代表扫描仪所能分辨的亮光和暗调的范围。通常滚筒扫描仪的密度范围大于 3.5，而平面扫描仪的密度范围为 2.4 ～ 3.5。

5．扫描幅面

扫描幅面为扫描对象的最大尺寸，常见为 A3、A4。

≫ 2.12.4 扫描仪选购技巧

消费者在选购扫描仪时需要注意以下几个方面。

（1）光学分辨率：选购扫描仪的重要因素。光学分辨率是指扫描仪对图像进行扫描时实际能对图像进行的采样精细程度，一般情况下 2400pi 即足够日常使用。

（2）接口类型：扫描仪接口是扫描仪与电脑主机的连接方式。建议购买 USB 接口的扫描仪，因为目前 USB 接口是市面上的主流接口，其无论是传输速度还是方便性都要优于其他类型的接口。

（3）扫描方式：主要是针对扫描元件。扫描方式主要有两种，分别为 CCD 和 CIS，目前市场上多为 CCD 扫描仪。

2.13 网卡选购

≫ 2.13.1 有线网卡和无线网卡

1．有线网卡

有线网卡是内置在机器上的网卡，需要网线作为介质传输信号，传输的是以太网通信协议。有线网卡的传输速率有 100Mb/s、1Gb/s、10Gb/s 等多种。

2．无线网卡

无线网卡与有线网卡主要区别是二者的传输介质，有线网卡的传输介质是网线，而无线网卡则采用无线电技术，通过无线信号完成数据传输。用户可以在无线信号覆盖的区域随意上网，无线网卡一般的作用对象是笔记本电脑用户。

≫ 2.13.2 网卡的性能指标

一般来说，网卡的性能指标主要有 7 个，分别为网卡的带宽、总线接口方式、主控芯片、系统资源占用率、ACPI 电源管理、远程唤醒、兼容性。下面介绍其中的 4 个性能指标。

1. 网卡的带宽

网卡的带宽指的是网卡每秒传输的最大字节数。带宽越高，网卡能够处理的字节数也就越多。理论上，笔记本电脑的无线网卡带宽已能达到 100 ~ 150Mb/s。

2. 总线接口方式

总线接口是指总线与连接在该总线上设备的电路，是一组能够将信息传输给多个部件的传输线。常见的总线接口类型有 ISA 接口、PCI 接口等。

3. 主控芯片

主控芯片是网卡的核心部分，低功耗、精工艺，可以统计网卡的流经数据。

4. 系统资源占用率

只有当系统资源占用率较大时，网卡才能有所感觉。例如，有些电脑由于病毒、木马或驱动等原因，系统资源占用率可达 70% ~ 100%，则会导致网卡连接失败。

≫ 2.13.3 选购网卡的注意事项

市面上有各种各样的网卡，用户在选购网卡时需要注意以下事项。

1. 网卡的品牌

尽量选购知名品牌的网卡，不仅制作工艺有保障，还可以享受更多的售后服务保障。

2. 网络类型

市面上的网卡种类繁多，网卡的使用环境也不一样，因此购买者在购买前一定要明确自己所使用的网络的情况。一般来说，在传输速率方面，个人和家庭用户建议选择 100Mb/s 和 10/100Mb/s 的自适网卡。

3. 电脑的总线插槽类型

网卡的总线插槽类型需要和电脑的总线插槽类型相符。

4. 使用环境

用户在选购网卡时一定要注意使用环境。如果在笔记本中安装网卡，最好购买与笔记本品牌一致的网卡，使其最大限度地保持兼容。

2.14 路由器选购

≫ 2.14.1 认识路由器

1. 路由器的定义

路由器是连接两个及以上网络的一种硬件设备，也称网关设备，通常位于网络层，如图 2-16 所示。路由器通过读取数据地址，决定数据传送方式。例如，路由器可以将非 TCP/IP 协议转换成因特网所使用的 TCP/IP 协议。

图 2-16　　路由器

2. 路由器的构成

路由器是常见的网络互联设备，主要由

4部分构成，分别为输入端口、输出端口、交换开关和路由处理器。

>> 2.14.2 路由器的性能指标

路由器的性能指标主要包括吞吐量、路由表能力、背板能力及丢包率等。

（1）吞吐量：核心路由器的包转发能力，用来衡量路由器的最大数据收发能力，与路由器端口的数量、速度等有直接关系。通常将路由器吞吐量大于40Gb/s的路由器称为高档路由器，背吞吐量在25～40Gb/s的路由器称为中档路由器，而将低于25Gb/s的路由器看作低档路由器。

（2）路由表能力：路由表对路由表项数量的最大接收能力。

（3）背板能力：背板是指路由器输入端口与输出端口间的物理通路。背板能力具体体现在路由器处理能力上，其通常大于依据吞吐量和测试包长计算的值。

（4）丢包率：路由器在稳定的持续负荷下，由于资源缺少而不能转发的数据包在应该转发的数据包中所占的比例。丢包率通常用于衡量路由器在超负荷工作时路由器的性能。

>> 2.14.3 选购无线路由器的注意事项

无线路由器选购注意事项如下。

1. 传输速率

无线路由器的传输速率直接影响数据发送和接收的能力。传输速率并不是越快越好，还要考虑是否兼容。

2. 天线个数

在发射功率一样的情况下，天线的个数越多，信号越好，穿墙能力也会增加，价格相对越贵。

3. 无线路由器端口

无线路由器端口是指无线设备的LAN口和WAN口。如果没有WAN口，将无法连接因特网；如果没有LAN口，将无法连接有线局域网中的网卡、交换机等设备。普通的家庭用户在选购家用无线路由器时，一定要注意是否自带交换机端口。

4. 传输距离

传输距离是指无线网络设备发射信号所能达到的最远距离，传输距离越大，信号覆盖范围就越广。例如，房屋面积为120m²，如果障碍物不多，则无线信号基本可以覆盖整个室内。在选购无线路由器时，建议选择理论传输距离较大的产品。

2.15 移动存储设备选购

>> 2.15.1 认识移动存储设备

1. U盘

U盘全称为USB闪存盘，是一种拥有多种容量的存储设备。U盘通过USB接口与电脑进行连接，可以即插即拔。当U盘连接到电脑后，U盘中存储的数据可以与电脑中存储的数据进行交换。

2. 移动硬盘

移动硬盘是相较于U盘拥有更大容量的一种存储设备，多用USB接口或IEEE 1394

接口，可以与电脑之间进行大量的数据交换。市场上的移动硬盘多以标准硬盘为主，也有少部分是微型硬盘。

3. 闪存卡

闪存卡是一种利用闪存技术存储信息的存储设备，外观精致小巧，像一张卡片。闪存卡主要应用于数码相机、MP3 等一些较为小型的数码设备上，有 SD 卡、CF 卡等多种类型。

>> 2.15.2 移动存储设备的性能指标

1. 存储容量

无论是 USB、闪存卡这些容量相对较小的存储设备还是移动硬盘这类容量相对较大的存储设备，其容量都有很多规格，包括 16GB、32GB、512GB，甚至 1TB 等。用户应当以自己实际需求为前提挑选合适的存储容量。

2. 转速

对于硬盘来说，转速越快，对数据的接收性能越好，但散发的热量也就越多。

3. 数据传输率

数据传输率指的是硬盘缓冲区与电脑主存之间传输数据能力的快慢，单位为 Mb/s。数据传输越快，就越不易发生数据损失问题。

4. 接口类型

接口类型主要针对移动硬盘，目前主要推荐选择 USB 接口的移动硬盘，其传输速度更快，且 USB 接口作为主流接口，对于用户来说更实用、方便。

>> 2.15.3 移动存储设备选购技巧

移动存储设备容量越来越大，读取速度也越来越方便，人们也越来越普遍地使用 U 盘、移动硬盘等存储设备。那么，在选购移动存储设备时需要注意哪些方面呢？

1. 容量需求

首先要明确购买移动存储设备的用途。如果需要存储一些简单的文档或音乐，则购买容量较小的闪存卡或 U 盘即可；如果用来备份电脑上的大型文件，则需要很大的存储容量，这时首选移动硬盘。

2. 品牌

决定了移动存储设备的类型以后，用户要考虑的就是品牌。建议大家购买主流品牌的产品。各个品牌竞争激烈，推出的产品质量当然也就越来越好。例如，希捷、西部数据、东芝等都是较大的移动存储设备生产厂商。

3. 正规渠道

要保证移动存储设备中的数据安全，一定要在正规渠道、品牌门店或一些正规购物网站购买移动存储设备，以获得良好的售后质量保障。

2.16 声卡的选购

声卡作为多媒体技术的重要配置，主要功能是实现声波 / 数字信号之间的转换。声卡对来自话筒、磁带、光盘的原始声音信号进行数据处理，送往混音器放大，再将其输出到扬声器、音箱等设备。

》2.16.1 声卡的性能指标

1. 采样位数

声卡进行数据采样的位数通常有8位、16位、32位等。采样位数影响声音精度，具体表现在采样位数越大，音质越好。

2. 最高采样频率

最高采样频率指的是单位时间内采集声音样本的数量，一般有11.025kHz、22.025kHz、44.1kHz甚至48kHz等。

3. 内置混音芯片

内置混音芯片可以对声卡接收到的声音进行处理。这种芯片拥有功率放大器，可以进行混音处理，并在无源音箱中播放声音。

》2.16.2 内置声卡和外置声卡

内置声卡与外置声卡的主要区别包括以下3个方面。

1. 性质不同

外置声卡是通过PCI、ISA等外置接口连接在电脑主板上的一种声卡，也称为USB声卡；内置声卡是一种声音集成显卡，是指芯片组支持集成的声卡。

2. 特点不同

外置声卡是通过USB接口与电脑进行连接的，使用比较方便，且便于移动；内置声卡则集成在主板上，不占用PCI接口，且制作成本较低，兼容性较好。

3. 安装应用不同

外置声卡由于可以通过USB接口与电脑相连，因此可以应用于笔记本电脑等个人电子设备，不易受到其他硬件频率的干扰，为用户个人提供更好的音质；内置声卡则集成

于电脑主板，相对容易受到其他硬件频率的干扰。

》2.16.3 选购声卡的注意事项

（1）有些用户购买声卡是为了直播或者唱歌，对这类购买者来说，要注意部分声卡如果不经过调试，对声音是没有修饰效果的，如MIDI Plus、艾肯等。因此，如果不想调试，建议避开这类声卡。

（2）不要盲目追求高价声卡。不同价位的声卡是为有不同需要的人准备的，虽然价格越高，声卡的效果越好这一说法是有道理的，但换个角度说，好的设备可以放大优点，当然也容易暴露缺点。

（3）有些用户觉得专业的录音声卡一定比直播声卡音质要好，其实这种说法不够准确。录音声卡相对直播声卡的优势在于其音频接口比较丰富，但并不一定比直播声卡要好，还是要根据自己的需求决定。

（4）不要盲目看一些商品评论，一定要自己做一些参数考评和对比。

2.17 其他设备的选购

》2.17.1 游戏控制器

游戏控制器是一种控制视频游戏的设备，如游戏摇杆、鼠标或游戏板。当我们玩电脑游戏时，往往通过电脑的一些外置设备，如鼠标、键盘等模拟游戏中的控制器。图2-17所示为一款游戏手柄。

图 2-17　游戏手柄

（1）对于游戏控制器的选择，首先应考虑其实用性和方便性。以 USB 接口的控制器为例，这类游戏控制器比较方便，支持即插即拔，不用过多考虑安装问题。当然，无线产品也可以，但典型的无线硬件的价格相对更贵。

（2）游戏用户一般都知道，在使用一些高端的控制器之前，有可能会被要求安装某种适配的驱动程序。因此，在选购游戏控制器之前，建议用户在网站上对驱动程序进行相关的了解。通常情况下，厂商相应的官方网站会提供给用户需要安装的驱动程序。

（3）价格越高的游戏控制器，通常功能也越丰富。用户在根据自己需求购买游戏控制器的前提下，还应对游戏控制器适配的操作系统进行了解，看自己的操作系统是否能支持该控制器。

除价格之外，游戏控制器的手感和舒适度也是不能忽视的，这一要素主要取决于用户个人喜好和习惯。

≫ 2.17.2　网线

网线是局域网连接中必不可少的一种通信连接设备，可分为双绞线、同轴电缆、光缆 3 种。其中，双绞线是由许多绝缘的铜导线组成的数据传输线，如电话线，需要水晶接头和它相连接，如图 2-18 所示。

图 2-18　双绞线

目前市面上在售的家庭网线以五类、超五类、六类、超六类双绞线为主，可以支持百兆网络，且这几类网线的价格差异不是特别大。与五类相比，超五类双绞线的抗干扰能力更强，传输更稳定，对网络的衰减程度更小，因此性价比高。

六类线的传输速率比超五类更快，它可以稳定支持千兆网络。另外，六类线可以实现和超五类线的兼容。因此，六类线受到了很多家庭用户的欢迎。

超六类网线是在六类网线的基础上开发的，其抗干扰能力更强，传输速率更快，甚至可以达到六类线的 2 倍，可以稳定支持万兆网络。

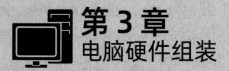

第3章
电脑硬件组装

在装机过程中，前期准备非常重要，如果没有了解装机知识就直接组装电脑，最后很有可能手忙脚乱也没能完成目标。

3.1 电脑组装前的准备工作

≫ 3.1.1 常用的装机工具

在进行电脑组装前，需要准备好装机工具，这有利于提高装机效率。

1．十字螺丝刀

在组装电脑时，需要用螺丝固定硬件设备，所以需要准备一把十字螺丝刀。建议使用带有磁性的十字螺丝刀，因为使用带磁性的十字螺丝刀可以方便取出和安装机箱内部的螺丝，便于操作。

2．尖嘴钳

尖嘴钳可以固定一些配件，不仅省力气，还可以拾取一些小的螺丝等零件。

3．绑扎带

绑扎带用于整理机箱内部的数据线，使机箱内部更加整洁。

4．导热硅胶／导热硅胶片

导热硅胶／导热硅胶片是一种高导热绝缘有机硅材料，主要用于散热器，其可以有效地帮助 CPU 散热。

5．工作台

组装电脑首要应有一张干净、平稳的工作台，工作台可以用来放置硬件设备，便于组装。

≫ 3.1.2 正确的装机流程

对电脑进行安装时，需要逐步进行。下面介绍电脑装机的简单流程。

（1）整理好电脑的各个组件，将其分类放置在工作台上，准备好装机工具。

（2）按照顺序依次在主板上安装 CPU和内存条，并将主板安装在机箱内部。

（3）将电源安装在机箱内，并将主板连

接至电源处。

（4）根据自己的需求安装硬盘和光驱，并连接硬盘和光驱的电源。

（5）安装显卡，将电脑显卡安装至主板上。

（6）连接机箱面板上的电源线、USB线和音频线等控制线。

（7）将鼠标、键盘、显示器等外部设备连接至机箱上。

（8）检测电脑组装是否正确。

≫ 3.1.3 组装电脑的注意事项

在装机过程中要注意以下事项。

（1）防止静电：人体本身带有静电，电子产品受到静电影响会受到损坏，所以在装机前需要消除静电。可以通过接触接地的金属物或者使用流动的水进行冲洗，也可以佩戴防静电手套和手环等工具。

（2）检查装机工具：在装机开始前，需要检查装机工具是否准备齐全。准备好工具后，需要仔细阅读主板及关键部位的产品说明书。

（3）防水：在组装电脑时要尽量远离水源，以免液体进入元件，造成元件短路；同时，组装电脑的室内需要保持干燥通风，避免在潮湿的地方组装电脑。

（4）轻拿轻放元件：在组装各个元件器材时，需要注意轻拿轻放元件。在安装各部分元件时要仔细阅读说明书，正确安装元件，避免用力过度导致元件损坏。

3.2 安装电脑的基本硬件设备

准备好装机工具后，即可以开始组装电脑。电脑的组装主要有以下内容。

3.2.1 安装电源

首先安装电脑电源，具体操作步骤如下。

（1）将电源放置在机箱的安装电源处，调整电源的位置，使电源上的螺丝孔和机箱上的螺丝孔对准，如图 3-1 所示。

图 3-1　安装电源

（2）将电源上的螺丝孔和机箱上的螺丝孔对准后，使用十字螺丝刀将螺丝拧进螺丝孔，稍微用力拧紧螺丝，电源即安装完成。

≫ 3.2.2 安装CPU及散热风扇

安装完电源后，接下来安装CPU及散热风扇，具体操作步骤如下。

（1）CPU的安装需要遵循一定的步骤，首先将CPU包装盒打开，取出CPU和散热装置。

（2）将主板轻轻地放置在工作台上，用手按下CPU插槽的压杆，再将CPU插槽的稳定杆抬起，如图3-2所示。

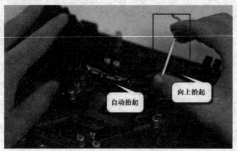

图3-2　抬起稳定杆

（3）仔细观察CPU的标志及缺口方向，按照正确的方向将CPU放置在CPU插槽内，如图3-3所示。

图3-3　放置CPU

（4）正确放置CPU后，将CPU插槽的

稳定杆固定好，锁紧CPU，此时CPU已经安装完成。

（5）CPU安装完成后，接下来安装CPU的散热风扇。在安装CPU散热风扇前，需要在CPU上涂抹一层散热硅胶。散热硅胶可以帮助CPU和散热风扇良好散热，保证CPU正常稳定地工作。

（6）将CPU散热风扇的电源线接到主板的Fan1上。

≫ 3.2.3 安装内存条

安装完CPU后，下一步安装内存条。本节以DDR2内存为例进行介绍，具体安装步骤如下。

（1）安装内存条前，先将内存插槽上的卡扣打开，使内存条能够插入。

（2）将内存条的凹槽直线对准内存槽的凸点，用力向下缓缓按压，直到内存条两端的保险栓可以卡住内存条两侧的缺口，如图3-4所示。注意：卡住后要用力按压，直到听到锁住的声音。

图3-4　安装内存条

≫ 3.2.4 安装主板

当主板上的基本部件安装完成后，需要将主板装入机箱，具体的操作步骤如下。

（1）在将主板安装在机箱内前，需要先

将机箱背部的接口挡板拆下。

（2）将主板放置在机箱内部，使主板的固定孔对准机箱的塑料钉和螺丝钉，使用螺丝钉将主板固定住，即可完成主板安装，如图 3-5 所示。

图 3-5　固定主板

3.2.5 安装硬盘

硬盘用于储存用户数据，目前市面上主流的是 SATA（Serial Advanced Technology Attachment）硬盘。安装硬盘的具体步骤如下。

（1）将机箱背面左下角的硬盘箱取下。

（2）将机械硬盘推入硬盘箱中，如图 3-6 所示。

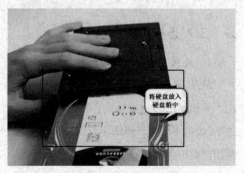

图 3-6　放置硬盘

（3）拧紧侧面固定硬盘箱的螺丝。

（4）将硬盘箱放回原来位置，并卡死。

（5）将 SATA 供电接头对齐 SATA3

电源尾部的硬盘接口并插入。

（6）找到 SATA3 接口数据线，将其一端接到硬盘尾部的 SATA3 接口上，另一端接到主板侧面或右下角的 SATA3 接口上，如图 3-7 所示。

图 3-7　连接主板

3.2.6 安装光驱

光驱现在已经不是电脑的必备元件，但是如果需要安装光驱，可以按照以下操作步骤。

（1）打开机箱的前面板。

（2）将光驱放入光驱插槽内，调整光驱的角度，使光驱的前表面与机箱面板平行，如图 3-8 所示。

图 3-8　放置光驱

（3）确定光驱放置好后，使用螺丝刀将光驱固定在光驱架上。

（4）连接光驱的电源线及数据线。

≫ 3.2.7 安装显卡

安装电脑显卡的具体操作步骤如下。

（1）将显卡对准插槽的位置向下按压，直到完全卡住为止，如图 3-9 所示。

图 3-9　放置显卡

（2）当显卡完全卡在主板上后，使用螺丝刀将显卡固定在机箱内，即完成显卡的安装。

3.3　连接机箱内的电源线

机箱内部有各式各样的连接线，完成硬件安装后，接下来需要连接机箱内部的各种连接线，才能使硬件正常工作。本节介绍机箱内部的电源线。

≫ 3.3.1　认识电源的各种插头

机箱内部电源的插头主要有主板电源插头、SATA 硬盘电源插头和 IDE 光驱电源插头。

主板中需要电源供电的元件主要有主板、CPU 及散热风扇、硬盘、独立显卡等，只有主板连接了电源，这些元件才能正常工作。目前主板电源的插头主要有 24 针与 20 针两种，在中高端的主板上一般采用 24pin 的主板供电接口设计，低端的产品一般为 20pin，（图 3-10）。无论是 24pin 还是 20pin，电源插口的连接方法都是一样的。

图 3-10　　20pin 主板供电

SATA 硬盘需要多种电压，所以总体输入电源线要有 15 个针脚。SATA 串口由于具备更高的传输速度，因此渐渐替代 PATA 并口，成为当前的主流。目前大部分硬盘采用了串口设计，然而 PATA 硬盘使用是 D 型 4 针电源接口，故有些 SATA 硬盘除了为了兼容 IDE 硬盘接口外，还提供了传统 IDE 硬盘使用的 D 型 4 针电源接口。

≫ 3.3.2　连接主板电源线

1．连接 CPU 供电插口

从电源内部找到 CPU 的 4pin+4pin 供电，从机箱的右上角穿过，接到主板左上角的 CPU 供电位置，将其用力插入，直至塑料卡扣自动扣合。

2．连接主板供电插口

从电源内找到最大的 24pin 主板主供电，将其从机箱后面穿到机箱正面，对准主板主供电的 24pin 插头，垂直用力插入，直至卡扣自动扣合，如图 3-11 所示。

图 3-11　连接主板供电插口

▶ 3.3.3 机箱前面板接线

1. 连接音频线

从机箱前面板中找到标有 Audio 字样的音频线，将其接到主板左下方的 Audio 音频针脚上。

2. 连接 USB 2.0

从机箱前面板中找到标有 USB 2.0 字样的线缆，将其连接到主板下方的 USB 2.0 针

脚内。

3. USB 3.0

从机箱前面板中找到标有 USB 3.0 的线缆，将其连接到主板底部的 USB 3.0 针脚上，如图 3-12 所示。

图 3-12　连接 USB 3.0

4. 开机重启等线缆

将开机重启硬盘指示灯等线缆从机箱下方的穿线孔穿到机箱的正面，按照说明书依次连接到主板右下方的"开机灯""开机键""硬盘灯""重启键"插口上，需要注意正负极的位置。

3.4 专题分享——连接外部设备

▶ 3.4.1 连接鼠标和键盘

鼠标和键盘是常用的外部设备，将鼠标和键盘接到 USB 插口处，即可开始使用。鼠标分为 PS/2 接口和 USB 接口两种，PS/2 接口是圆形接口，按照正确的方向将鼠标线连接到淡紫色的圆形接口即可。USB 接口鼠标的连接方法与其相同，将 USB 接口插入 USB 插口即可。使用相同的方法也可连接键盘。

▶ 3.4.2 连接显示器

将显示器数据线连接到主机后方的接口上，即可连接显示器，如图 3-13 所示。

图 3-13　连接显示器

≫ 3.4.3 连接主机电源线

将电源线接到机箱侧面的电源处，如图 3-14 所示，将电源插头插入主机的电源接口，打开电源开关即可使用。

图 3-14　连接主机电源线

3.5　电脑组装后的检测

电脑组装完成后，首先要检查各硬件安装位置及连接方式是否正确，主要检查内存、CPU、显卡是否插到位，电源接口方向及插口是否接好。经过上述检查后，即可通电测试。打开显示器电源，按机箱上的电源按钮，如果能够听到清脆的"嘀"的一声，则表明硬件安装成功。接下来，就可以进入 BIOS 系统查看电脑的硬件信息。

为了更好地测试电脑硬件性能，需要先安装操作系统，这里建议安装 Windows 10 操作系统。操作系统安装好后，可以借助第三方软件对电脑硬件性能进行测试，如鲁大师、Windows 优化大师等。利用第三方软件提供的硬件检测功能，可以比较方便地测试电脑的运行速度与稳定性。

第 4 章
BIOS 设置与硬盘分区

在使用电脑的过程中，了解基础内容十分重要。BIOS 是使用电脑过程中最重要的基础内容，我们只有掌握 BIOS 的基础内容，才能更好地使用电脑。

4.1 认识 BIOS

BIOS（是指基本输入 / 输出系统）设置程序是储存在 ROM 中的一个程序，是在工厂里用特殊的方法被烧录进去的，其内容只能读不能改，且只有在开机时才可以进行设置。BIOS 的主要功能是为电脑提供最底层的、最直接的硬件设置和控制。

≫ 4.1.1 BIOS 简介

目前市场上主要有三大主流主板 BIOS，分别是 AWARD BIOS、AMI BIOS 和 PHO-ENIX BIOS。由于 PHOENIX 已经被 AWA-RD 兼并了，因此在台式机主板方面，虽然还标着 PHOENIXAWARD BIOS，其实际还是 AWARD 的 BIOS。本章主要以 AWARD BIOS 为例进行学习。

AWARD BIOS 是由 AWARD Software 公司开发的 BIOS 产品，该类型 BIOS 功能较为齐全，支持许多新硬件，市面上多数主机板采用了这种 BIOS，如图 4-1 所示。

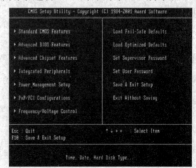

图 4-1　　AWARD BIOS

≫ 4.1.2 BIOS 的载体

BIOS 是电脑系统的核心软件，控制着电脑部件（包括板卡、外设）的运作。BIOS 作为一种软件，其需要一个载体，该载体常常是 EPROM 芯片（包括 Flash EEPROM——闪速存储器，可以很方便地在线快速电擦除其内部数据或程序的新型 EPROM）。BIOS 程序和其载体 EPROM 芯片结合在一起后，专业上称其为固件（Firmware），俗称 BIOS。

≫ 4.1.3 BIOS 的基本功能

BIOS 在电脑系统中起着重要的作用，其具体功能和作用如下。

1. 自检及初始化

自检初始化主要完成电脑的开机检测及启动，具体包括如下内容。

（1）电脑刚接通电源时对硬件部分进行检测。

（2）完成电脑初始化，具体包括创建中断向量、设置寄存器、初始化部分外设及设置电脑硬件参数。

（3）引导程序，由引导记录把操作系统装入电脑。

2. 程序服务处理

程序服务处理主要对应用程序和操作系统服务，包括硬盘读取、文件输出到打印机等与输入/输出设备有关的服务。

3. 硬件中断处理

硬件中断处理主要用于接收并响应电脑硬件的请求，BIOS 的服务通过调用中断服务程序实现相应的功能需求。硬件中断服务分为很多组，每组有一个专门的中断。

≫ 4.1.4 认识 UEFI BIOS 和传统 BIOS

传统 BIOS 是电脑主板 ROM 芯片上的一段代码，属于软件范畴。按下电源后，电脑会进行加电自检，初始化硬件，启动 OS Loader 加载操作系统，向系统及软件提供服务，硬件中断处理。

新一代的电脑主板采用 UEFI BIOS，EFI（Extensible Firmware Interfaces，可扩展固件接口）的概念最早由英特尔公司（Intel）提出，UEFI 是 EFI 的升级版。EFI/UEFI BIOS 与传统 BIOS 不同之处在于，其可以用鼠标操作，具有多国语言版本，开机自检后还会在 EFI 中的驱动程序加载硬件，不用操作系统负责驱动的加载工作，可视之为"微型系统"。新一代的 BIOS 很有可能取代传统 BIOS，但目前仍然由传统 BIOS 作为主导。

≫ 4.1.5 UEFI BIOS 和传统 BIOS 界面的含义

当电脑开机时，根据电脑提示按"Delete"键，即可进入 UEFI BIOS 界面。UEFI BIOS 简单模式界面主要由信息参数、性能设置和启动顺序等部分组成。

电脑开机时根据提示按下相应快捷键，即可进入 BIOS 设置。BIOS 设置主界面如图 4-2 所示。

≫ 4.1.6 进入 BIOS 设置程序

（1）Award BIOS：在开机时按住"Del"键。

（2）AMI BIOS：在开机时按"Del"或"Esc"键。

（3）Phoenix BIOS：在开机时按"F2"键。

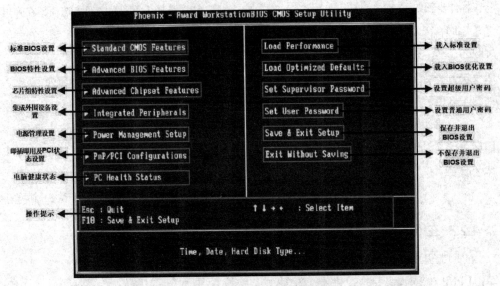

图 4-2　BIOS 设置主界面

标准BIOS设置 → Standard CMOS Features　　Load Performance ← 载入标准设置
BIOS特性设置 → Advanced BIOS Features　　Load Optimized Defaults ← 载入BIOS优化设置
芯片组特性设置 → Advanced Chipset Features　　Set Supervisor Password ← 设置超级用户密码
集成外围设备设置 → Integrated Peripherals　　Set User Password ← 设置普通用户密码
电源管理设置 → Power Management Setup　　Save & Exit Setup ← 保存并退出BIOS设置
即插即用及PCI状态设置 → PnP/PCI Configurations　　Exit Without Saving ← 不保存并退出BIOS设置
电脑健康状态 → PC Health Status

操作提示 → Esc : Quit　　↑↓←→ : Select Item
F10 : Save & Exit Setup

Time, Date, Hard Disk Type...

4.2　专题分享——设置 BIOS

≫ 4.2.1　需要设置 BIOS 的情况

在了解了 BIOS 的基础知识后，接下来介绍需要设置 BIOS 的情况，主要有以下几种。

（1）新购买的电脑。

（2）添加新设备。

（3）CMOS 数据丢失。

（4）安装新系统。

（5）系统优化。

≫ 4.2.2　在 UEFI BIOS 设置开机启动顺序

电脑启动时，首先需要进行硬件检测，然后按照 BIOS 中设置的启动顺序从第一个启动盘调入操作系统。一般情况下，将其设置为从硬盘启动，但是当硬盘出现问题时，则无法从硬盘启动。可以通过设置 BIOS 将光盘或者 U 盘设为第一启动项，进行电脑维修。

启动顺序 →

图 4-3　启动顺序设置

操作步骤如下。

（1）当电脑开机时，根据电脑提示按下"Delete"键，进入 UEFI BIOS 界面，在【高级模式】选项界面中可以看到启动顺序设置，如图 4-3 所示。

（2）使用鼠标调整【启动顺序】中的图标，按"F10"键保存，即可完成启动顺序的调整。

≫ 4.2.3 在 UEFI BIOS 设置自动开机

（1）打开电脑，进入 UEFI BIOS 界面，单击【退出 / 高级模式】按钮，进入高级模式。

（2）选择【高级】选项卡，再选择【高级电源管理】选项，进入高级电源管理界面。

（3）在弹出的窗口中将【由 RTC 唤醒】选项右边的按钮改为【开启】状态，然后设置【由 RTC 唤醒日期】与【小时 / 分钟 / 秒】选项，单击【保存】按钮，即可完成自动开机设置。

≫ 4.2.4 在 UEFI BIOS 设置 BIOS 密码及电脑开机密码

可以通过 UEFI BIOS 设置 BIOS 密码和电脑开机密码，以保证电脑资料的安全性和 BIOS 设置不被更改。

设置 BIOS 密码及电脑开机密码的具体步骤如下。

（1）打开电脑，进入 UEFI BIOS 界面，单击【退出 / 高级模式】按钮，进入高级模式。

（2）在【概要】选项卡中选择【安全性】选项。

（3）选择【管理员密码】选项，在弹出的窗口中输入密码，按"Enter"键，在弹出的新窗口中再输入一遍密码。

设置用户密码的具体操作步骤如下。

（1）在 UEFI BIOS 高级模式下选择【概要】选项卡，选择【安全性】选项。

（2）选择【用户密码】选项，按"Enter"键，在弹出的窗口中输入密码，按"Enter"键，在弹出的新窗口中再输入一遍密码。

≫ 4.2.5 升级 UEFI BIOS

（1）根据主板的厂商进入其官网，将 BIOS 文件下载到 U 盘里，并将 U 盘插入电脑。

（2）打开电脑，进入 UEFI BIOS 界面，单击【退出 / 高级模式】按钮，进入高级模式。选择【工具】选项卡，进入【工具】选项界面。

（3）单击【华硕升级 BIOS 应用程序 2】按钮，进行 BIOS 升级。

（4）按"Tab"键，切换到【驱动器信息】下，选择 U 盘，再按"Tab"键，选择下载好的 BIOS 文件，按"Enter"键，开始 BIOS 的更新，完成更新后重启电脑即可。

≫ 4.2.6 在传统 BIOS 设置开机启动顺序

倘若在使用光驱或者 U 盘安装电脑系统时需要更改电脑启动的顺序，则可以通过 BIOS 进行设置。本节以将光驱设为第一启动项为例，具体的操作步骤如下。

（1）在开机时按住"Delete"键，进入 BIOS 设置界面，通过方向键将光标定位到

【Boot】选项卡上，如图 4-4 所示。

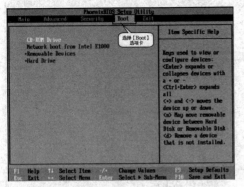

图 4-4　选择【Boot】选项卡

（2）使用方向键将光标移动到【CD-ROM Drive】上，点击【+】号，将【CD-ROM Drive】选项移动到第一位。

（3）按"Enter"键，在弹出的确认修改对话框上单击【Yes】按钮，按"Enter"键进行保存。

》4.2.7　在传统 BIOS 设置开机密码

为了防止别人随意改变 BIOS 设置，可以设置 BIOS 管理员密码。设置 BIOS 管理员密码后，用户每次进入 BIOS 设置都需要输入密码，否则就不能更改 BIOS 设置。设置 BIOS 密码的具体操作步骤如下。

（1）在开机时按住"Delete"键，进入 BIOS 设置界面，通过方向键进入【Security】界面，光标会跳转到【Set Supervisor Password】（设置管理员密码）选项上，如图 4-5 所示。

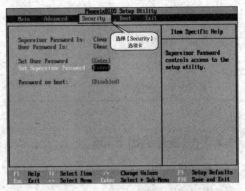

图 4-5　【Security】界面

（2）按"Enter"键，弹出【Set Supervisor Password】对话框，在【Enter New Password】文本框中输入想要设置的管理员密码。

（3）按"Enter"键，光标会跳转到【Confirm New Password】上，再次输入密码进行确定。

（4）按"Enter"键，在弹出的窗口中选择【Continue】选项，按"Enter"键进行确认，即可完成 BIOS 密码的设置。

》4.2.8　AMI BIOS 报警音含义

AMI BIOS 报警音含义如表 4-1 所示。

表 4-1　AMI BIOS 报警音含义

报警音	含义
1 声短报警音	内存刷新失败
2 声短报警音	内存 ECC 校验错误
3 声短报警音	系统基本内存检查失败

报警音	含义
4 声短报警音	系统时钟出错
5 声短报警音	CPU 错误
6 声短报警音	键盘控制器错误
7 声短报警音	系统实模式错误，不能切换到保护模式
8 声短报警音	显示内存错误（显示内存可能损坏）
9 声短报警音	ROM BIOS 校验错误
1 长 3 短报警音	内存检测错误
1 长 8 短报警音	显示测试错误

4.2.9 保存并退出 BIOS

当完成对 BIOS 的设置后，需要将设置保存并重新启动电脑，新的设置才能生效。BIOS 保存并退出的步骤如下。

（1）进入 BIOS 主界面，使用方向键将光标移动到【Save & Exit Setup】选项，按"Enter"键。

（2）在打开的保存提示框中单击【Yes】按钮，按"Enter"键，此时电脑会自动重启。

小技巧：可以按"F10"键快速保存。

4.3 认识硬盘分区

4.3.1 需对硬盘进行分区的情形

1. 新硬盘分区

新硬盘在开始使用之前需要进行分区。硬盘出厂时并没有进行分区激活，因此用户需要对硬盘进行分区以激活硬盘，安装操作系统；同时也可以将一块较大的硬盘分成容量较小的几个区域，方便文件管理。

2. 分区不合理

有时硬盘的分区并不是特别合理，如对硬盘分区的容量大小和硬盘的分区数量并不

太满意，此时就可以先将文件备份，再进行重新分区即可。

3. 硬盘感染病毒或硬盘损坏

当硬盘被病毒严重感染，格式化都无法根除病毒时，应对硬盘进行低级格式化，重新分区。当硬盘有坏道坏扇区出现时，应重新分区，将坏道隔离出去，不让坏道出现在引导区和系统区。

4.3.2 硬盘分区前要做的工作

1. 拟定合适的分区数量与分区容量

可以根据自己的需求进行分区设置，将要分割成几个分区及每一个分区占有的容量取决于使用者自己的想法，如可以将硬盘分为文件盘、游戏盘、工作盘等。但是，在硬盘分区时需要注意各个分区的重要性，如系统盘是比较重要的分区，需要较多的分区容量。

2．选择合适的分区格式

对于不同分区格式，可以根据自己的需求进行选择。FAT32 由 FAT16 发展而来，其采用 32 位的文件分配表，使其对硬盘的管理能力大大增强，突破了 FAT16 对每一个分区的容量只有 2GB 的限制。与 FAT16 相比，FAT32 可以很大程度地减少硬盘浪费，提高硬盘利用率。但是，采用 FAT32 格式分区的硬盘，其运行速度比采用 FAT16 格式分区的硬盘要慢。

NTFS 分区格式的优点是安全性和稳定性比较出色，在使用中不易产生文件碎片，能够较好地保护系统和数据的安全性。Linux 的分区格式安全性和稳定性较好，死机的概率较低，但是目前只适用于 Linux 操作系统。

≫ 4.3.3 硬盘分区的格式

新硬盘必须经过低级格式化、分区和高级格式化 3 个处理步骤后才能存储数据。其中，硬盘的低级格式化一般由生产厂家完成，目的是划定硬盘可供使用的扇区和磁道并标记有问题的扇区；而用户则需要使用硬盘分区工具进行硬盘分区和高级格式化。根据目前流行的操作系统来看，常用的分区格式有 4 种，分别是 FAT16、FAT32、NTFS 和 Ext2/3/4，其中最常用的就是 NTFS 格式。

下面对上述部分硬盘分区格式进行简单介绍。

1．FAT32

FAT32 分区格式采用 32 位的文件分配表，与 FAT16 分区格式相比，该分区格式突破了对每一个分区的容量只有 2GB 的限制，对硬盘的管理能力大大增强。目前的硬盘容量越来越大，运用 FAT32 分区格式后，可以将一个大硬盘定义成一个大的分区而不必分为几个小的 2GB 容量的分区使用，方便了对硬盘的管理，可以很大程度减少硬盘浪费，提高硬盘利用率。

但是，采用 FAT32 格式分区的硬盘，由于文件分配表扩大，因此其运行速度比采用 FAT16 格式分区的硬盘要慢。另外，目前支持这一硬盘分区格式的操作系统有 Windows 98、Windows 2000、Windows XP、Windows Server 2003 和 Windows 7 。

2．NTFS

NTFS 分区格式是 Windows NT 网络操作系统的硬盘分区格式，相较于 FAT16 和 FAT32 而言，其在安全性和稳定性方面有了较大的提升。首先，NTFS 分区格式能对用户的操作进行记录，通过对用户权限进行严格的限制，使每个用户只能按照系统赋予的权限进行操作，充分保护了系统与数据的安全；其次，NTFS 分区格式还可以支持最大达 2TB 的大硬盘，并采用了更小的簇，可以更有效地管理硬盘空间。NTFS 分区格式随着硬盘容量的增大，性能也不会随之降低，在使用中不易产生文件碎片，对硬盘的空间利用及软件的运行速度有较好的提升作用。

3．Ext2/3/4

Ext2 为第二代文件扩展系统，其特点

为存取文件的性能极好，对于中小型的文件更有优势。在一般常见的 Linux 86 系统中，簇最大为 4KB，则单一文件大小上限为 2048GB，而文件系统的容量上限为 16384 GB。依此类推，Ext3/4 是 Ext2 的升级版，增加了日志功能，且彼此向下兼容。所以，Ext2 称为索引式文件系统，而 Ext3/4 称为日志式文件系统。

》4.3.4 硬盘分区格式的转换

以 Windows10 系统为例，下面介绍如何转换硬盘的分区格式。

（1）首先需要观察当前硬盘的分区格式，在系统桌面右击【此电脑】图标，在弹出的菜单中单击【管理】命令，弹出【计算机管理】对话框中选择【存储】→【磁盘管理】，就可以查看硬盘的分区情况和各分区的格式，如图 4-6 所示。

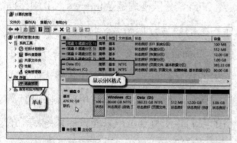

图 4-6　硬盘分区情况及分区格式

（2）如果需要将 FAT32 的分区格式转换成 NTFS 的分区格式，首先需要右键单击【开始】菜单，在弹出的命令菜单中点击【Windows PowerShell（管理员）】选项。

（3）假设需要将 F 盘转换为 NTFS 格式，则输入如下代码：convert f:/fs:ntfs，输入完成后单击"Enter"键，完成后会显示提示修改完成的信息，再回到步骤（1）查看即可。

》4.3.5 主分区、扩展分区和逻辑分区

硬盘分区主要的有 3 种形式的分区状态，即主分区、扩展分区和逻辑分区。虽然一个硬盘最多可以划分为 4 个主分区或者 3 个主分区和 1 个扩展分区，但通常都是将硬盘划分为一个主分区和一个扩展分区。在日常实际分区时，如果没有建立逻辑分区的需求，需要建立的分区主要为主分区和扩展分区，然后根据硬盘大小和使用需要将扩展分区继续划分为几个逻辑分区，在扩展分区内最多可建立 23 个逻辑分区。

1. 主分区

主分区也称主磁盘分区，通常位于硬盘最前面一块区域中，构成逻辑 C 磁盘。其中的主引导程序是它的一部分，此段程序主要用于检测硬盘分区的正确性，并确定活动分区，负责把引导权移交给活动分区的操作系统。如此段程序损坏，将无法从硬盘引导，但从光驱或 U 盘引导之后可对硬盘进行读写。

2. 扩展分区

除去主分区占用的容量以外，硬盘剩下的容量就被认定为扩展分区。扩展分区不能直接使用，而需要以逻辑分区的方式使用。所以，扩展分区的作用是保存逻辑分区，逻辑分区都是扩展分区的一部分。

3. 逻辑分区

逻辑分区是一种特殊的分区形式，是将硬盘中的一块区域单独划分出来供另一个操作系统使用。对主分区的操作系统来说，逻

辑分区是一块被划分出去的存储空间，只有逻辑分区的操作系统才能管理和使用这块存储区域，逻辑分区之外的系统一般不能访问该分区内的数据。

▶ 4.3.6 硬盘分区原则

随着科技的发展，硬盘的容量越来越大，市场上 1TB 或 2TB 的大容量硬盘已经很常见。大容量硬盘在给用户提供更多存储空间的同时，也使得在创建硬盘分区之前仔细规划硬盘分区的方案成为必要。下面列出硬盘分区应该遵循的一些基本原则，以方便用户更好地管理自己的硬盘。

1．C 盘最好选择 FAT32 分区格式

C 盘一般用来安装主要的操作系统，通常有 FAT32 和 NTFS 两种选择。但是，当 C 盘的操作系统损坏或清除开机加载的病毒木马，需要用启动工具盘进行修复时，很多启动工具盘不能辨识 NTFS 分区，从而无法操作 C 盘，因此在创建 C 盘时最好选择 FAT32 分区格式。

2．C 盘的内存不宜过大

由于 C 盘是系统盘，因此在日常工作中硬盘的读写比较多，发生错误和磁盘碎片的概率也会随之增大。如果 C 盘容量太大，会降低碎片整理的速度，从而降低存储器效率，所以 C 盘容量大小适宜为好。

3．除主分区外尽量使用 NTFS 分区

NTFS 是一种基于安全性及可靠性的分区格式，除了在兼容性方面不如 FAT32 之外，其他方面的性能都远远超过 FAT32。NTFS 不但支持 2TB 大小的分区，而且支持对分区、文件夹和文件的压缩，可以更有效地管理磁盘空间。因此，除了在主系统分区为了兼容性而采用 FAT32 以外，其他分区采用 NTFS 比较合适。

4．建议建立双系统或者多系统

当电脑主系统受到病毒和木马的攻击，并且在主系统无法消灭病毒和木马时，可以使用电脑的第二个系统将病毒和木马清除干净。即使不处理木马和病毒，也可以利用另一个系统进行工作，不会影响我们的日常使用。因此，在建立分区时，可以预留出 20GB 左右的容量建立一个或两个备用的系统分区，同时还可以在备份系统分区安装一些常用的软件程序。

5．系统、程序、资料分离

由于 Windows 操作系统默认将"我的文档"等一些个人数据资料都放到系统分区中，因此，当需要格式化系统盘来彻底杀灭病毒和木马时，这些没有备份的资料或数据就会丢失。所以，应当做好硬盘的资料分离及文档的备份。

6．保留至少一个大容量的分区

随着硬盘容量的增加，文件和程序的体积也越来越大。如果将硬盘平均分区，则当存储大型文件或安装大型应用程序时，就会遇到麻烦。因此，对于大硬盘来说，划分出一个容量在 100GB 以上的分区用于大型文件的存储是十分必要的。

7．为备份创建一个分区

除了使用外设（移动硬盘、U 盘）存储重要文档备份、系统资料备份和系统镜像文件外，还可以在硬盘上专门分一个区作为备份盘。

≫ 4.3.7 硬盘格式化

硬盘格式化是指对硬盘中的分区进行初始化的一种操作，可以将磁盘或分区中所有的文件全部清除。硬盘格式化主要分为低级格式化和高级格式化。

低级格式化也称物理格式化，是对磁盘进行柱面、磁道、扇区划分操作；高级格式化又称逻辑格式化，主要是对硬盘各个分区进行磁道的格式化，在逻辑上划分磁道。

低级格式化一般在硬盘出厂前由硬盘生产商完成，因此如果没有特别指明，对硬盘的格式化通常是指高级格式化，而对软盘的格式化则通常同时包括这两者。对硬盘进行高级格式化的具体步骤如下。

（1）以格式化 D 盘为例，右击 D 盘，在弹出的快捷菜单中选择【格式化】命令，如图 4-7 所示。

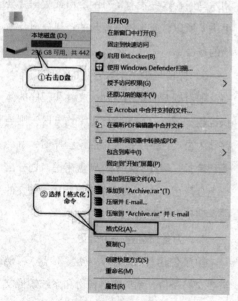

图 4-7　选择【格式化】命令

（2）弹出【格式化 本地磁盘（D:）】对话框，设置好各个选项，单击【开始】按钮，如图 4-8 所示。

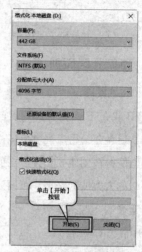

图 4-8　格式化磁盘

（3）在弹出的格式化警告对话框中单击【确定】按钮，稍等一段时间，即可完成 D 盘的格式化。

≫ 4.3.8 硬盘存储的单位和换算，以及硬盘分区常用软件

电脑的存储单位由小到大有 bit、B、KB、MB、GB、TB、PB、EB、ZB、YB、BB、NB、DB 等，数据传输的单位是位 (bit)，基本单位为字节 (Byte)。在操作系统中主要采用二进制，除 1B=8bit 外，其余单位的换算皆为 2 的 10 次方，即上一级单位是下一级的 1024 倍，如 1KB=1024B，1MB=1024KB=1024×1024B。

电脑进行硬盘分区的常用分区软件有很多种，用户可以根据需要选择适合自己的分区软件。

1. DiskGenius

DiskGenius 是一款硬盘分区及数据恢复软件，它是在最初的 DOS 版本的基础上开发而成的。Windows 版本的 DiskGenius 软件除具备基本的建立分区、删除分区、格式化分区等磁盘管理功能外，还提供了快速找回丢失的分区、误删除文件恢复、分区被格式化及分区被破坏后的文件恢复、分区备份与分区还原、复制分区、复制硬盘、快速分区、整数分区、检查分区表错误与修复分区表错误、检测坏道与修复坏道等功能。

2. Partition Magic

Partition Magic 是老牌的硬盘分区管理工具，是目前硬盘分区管理工具中最好的，其最大特点是允许在不损失硬盘中原有数据的前提下对硬盘进行重新分区、分区格式化及复制、移动、格式转换和更改硬盘分区大小、隐藏硬盘分区及多操作系统启动设置等操作。

3. DM

DM 分区由于功能强劲、安装速度极快而受到用户的喜爱。但是，因为各种品牌的硬盘都有其特殊的内部格式，针对不同硬盘开发的 DM 软件并不能通用，这给用户的使用带来了不便。DM 万用版彻底解除了这种限制，它可以使 IBM 的 DM 软件用于任何厂家的硬盘，这对于喜爱该软件的用户来说，无疑是一件令人高兴的事。

4. Fdisk

Fdisk 是微软公司在 DOS 和 Windows 操作系统中自带的分区软件，该软件性能稳定、兼容性好，但不支持无损分区，分区时会损坏硬盘上的数据，分区速度很慢，而且不能很好地支持大容量的硬盘分区。

4.4 专题分享—— 硬盘的分区方法

4.4.1 使用 Windows 10 安装程序对硬盘进行分区

下面以 Windows 10 安装程序为例对硬盘进行分区。具体操作步骤如下。

（1）进入 Windows 10 安装程序，在安装界面选择【驱动器选项（高级）】选项。

（2）单击【新建】按钮，建立分区，并在【大小】文本框中输入该分区的大小，单击【应用】按钮，一个分区即创建完成。

》4.4.2 使用 Windows 操作系统磁盘管理工具对硬盘进行分区

（1）右击【此电脑】图标，在弹出的快捷菜单中选择【管理】命令，如图 4-9 所示。

图4-9 选择【管理】命令

（2）打开【计算机管理】窗口，选择【磁盘管理】选项卡，即可看到电脑的分区情况。

（3）在需要分区的硬盘上右击，在弹出的快捷菜单中选择【压缩卷】命令，如图4-10所示。

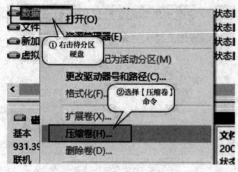

图4-10 选择【压缩卷】命令

（4）稍等片刻，压缩卷成功后下方会出现【未分配】磁盘，右击【未分配】磁盘，在弹出的快捷菜单中选择【新建简单卷】命令。

（5）弹出【新建简单卷向导】对话框，单击【下一步】按钮。

（6）输入简单卷的大小后，单击【下一步】按钮。

（7）这时需要为该【简单卷】分配一个盘符。

（8）对新加卷进行格式化，单击【下一步】按钮，即完成硬盘分区的设置。

4.5 制作 U 盘启动盘

≫ 4.5.1 制作 Windows PE U 盘启动盘

Windows PE 是 Windows 的预安装环境，是带有有限服务的最小 Win32 子系统。Windows PE 包括运行 Windows 安装程序及脚本、连接网络共享、自动化基本过程及执行硬件验证所需的最小功能。下面介绍制作 Windows PE U 盘启动盘的操作步骤，具体如下。

（1）下载微 PE 工具箱，打开浏览器，进入微 PE 工具箱官网（http://www.wepe.com.cn/download.html）下载即可；其次需要准备一个内存充足的 U 盘（推荐 8GB 以上），将 U 盘插入电脑后，打开微 PE 工具箱，在右下角选择【安装到 U 盘】选项。

（2）进入安装步骤后，按提示设置安装选项，单击【立即安装进 U 盘】，开始制作 Windows PE U 盘启动盘。

（3）在弹出的对话框中单击【开始制作】按钮，稍等一段时间后，即可完成安装。

≫ 4.5.2 使用 PE U 盘启动盘启动电脑

（1）制作好 Windows PE 启动盘后，将 U 盘插入电脑，在电脑开机界面选择 UEFI 启动，如图4-11所示。

图 4-11　选择 UEFI 模式启动

（2）PE 系统界面如图 4-12 所示。

图 4-12　　PE 系统界面

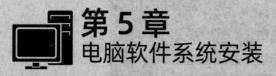

第5章
电脑软件系统安装

生活中你是否也会遇到软件安装问题呢？安装软件时又要注意哪些问题？下面让我们从本章的内容中找到答案吧。

5.1 安装 Windows 10 操作系统

》5.1.1 认识 Windows 10

简单来说，Windows 10 操作系统是微软 Windows 操作系统中的最新版本，用户可以在该系统上进行多功能操作，如聊天、查资料等。

》5.1.2 安装操作系统前的准备工作

（1）一台能上网且具备安装 Windows 操作系统条件的电脑。

（2）大于 8GB 的 U 盘（最好是空白的）。

（3）了解使用电脑启动 U 盘的规则。

》5.1.3 安装主要流程

1. 打开官网

在浏览器搜索框中输入"微软 Windows

10"进行搜索，找到后打开官网，如图 5-1 所示。

图 5-1　搜索并打开微软官网的 Windows 10 操作系统

2. 下载工具

单击"立即下载工具"按钮，下载工具，如图 5-2 所示。

是否希望在您的电脑上安装 Windows 10?

要开始使用，您 单击 Windows 10 所需的许可，然后下载并用该工具的详细 的说明。

隐私

⊕ 使用该工具可将这台电脑升级到 Windows 10 (单击可显示详细或

图 5-2　下载工具

3. 打开工具

在下载的文件来中找到下载的工具，双击打开。

4. 进行下载

系统将弹出【Windows 10 安装程序】对话框，按提示依次进行设置即可，具体步骤如下。

（1）接受条款。打开页面后，稍等片刻，将出现许可界面，阅读页面内容，单击【接受】按钮。

（2）创建安装介质。在弹出的对话框中选中【为另一台电脑创建安装介质（U 盘、DVD 或 ISO 文件）】选项，单击【下一步】按钮，如图 5-3 所示。

图 5-3　　创建安装介质

（3）选择语言、体系结构和版本。在弹出的对话框中选择合适的选项进行设置，单击【下一步】按钮，如图 5-4 所示。

图 5-4　　设置

（4）选择介质。在弹出的对话框中选择要使用的介质（U 盘），单击【下一步】按钮。

（5）选择 U 盘。找到要进行操作的 U 盘，确认后单击【下一步】按钮。

（6）完成。选好 U 盘后，系统将自动进行下载，下载完成后，单击【完成】按钮即可。

≫ 5.1.4 执行安装程序

安装程序的步骤如下。

（1）对系统进行设置。当电脑进入安装界面后，对系统进行相应的设置，单击【下一步】按钮，如图 5-5 所示。

图 5-5　　对系统进行设置

（2）现在安装。完成上述步骤之后，单击【现在安装】按钮。

（3）输入密钥。正式安装前，系统将自动弹出密钥输入界面，输入密钥后，单击【下一步】按钮，如图5-6所示。

提示：没有密钥的用户可单击页面下方的【我没有产品密钥】。

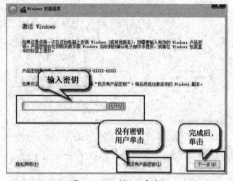

图5-6　输入密钥

（4）同意条款。选中条款，单击【下一步】按钮。

（5）选择安装类型。本章介绍的是最基础的操作系统安装，因此在安装界面选择【自定义】选项，如图5-7所示。

图5-7　选择安装类型

（6）选择安装路径。为系统选择一个合理的安装路径，单击【下一步】按钮。

（7）进行安装。进入安装界面，耐心等待即可。

（8）重启。安装成功后，电脑需重启，用户可等待系统自动重启，也可单击【立即重启】按钮。

5.1.5 安装 Ghost 系统

1. 下载 Ghost 系统

在搜索引擎中搜索"Windows 系统"，找到合适的页面后打开。浏览页面，找到 Ghost 系统，单击【立即下载】按钮，按照提示的操作步骤下载即可。

2. 开始安装

（1）进入 Ghost 页面。单击下载好的 Ghost 后，单击图标进入，单击【OK】按钮。

（2）找到【From Image】。右击，在弹出的快捷菜单中选择【local】→【Partition】→【From Image】命令，如图5-8所示。

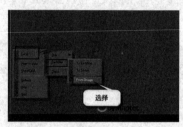

图 5-8　选择【From Image】命令

（3）选择 Ghost 镜像。在弹出的对话框中选择存放位置，设置 Ghost 名称，单击【Open】按钮，如图5-9所示。

图 5-9　选择 Ghost 镜像

（4）确认。检查信息无误后，单击【确认】按钮。

（5）选择装盘地址。选择要存放的地址，单击【OK】按钮。

（6）最后确认。若确定要安装系统，则

在弹出的【确认】对话框中单击【Yes】按钮。

5.2 安装多个操作系统

》5.2.1 安装多个操作系统的条件

（1）硬盘容量要足够大。每个系统要至少拥有 30G 的空间，当内存达到 8G，每个系统的空间要升至 40G。

（2）多个系统所用的硬盘格式要相同，建议为每个系统分别对应地建立主分区，每个分区对应一个操作系统，避免出现【格式化】、【数据丢失】等问题。

（3）先安装低版本系统，再安装高版本系统。比如，先将低版本系统安装到第一主分区（一般是 C 盘），然后再根据提示将高版本安装于第二主分区。

》5.2.2 安装双操作系统（以安卓为例）

（1）下载安卓系统。在搜索引擎中搜索安卓系统进行下载，这里以 Remix OS PC 版为例，如图 5-10 所示。

图 5-10　下载安卓系统

（2）打开安装工具。打开安装工具，按照提示进行安装。选好存储的驱动器后，单

击【确定】按钮（这里默认下载到 C 盘，用户可自定义存储位置），如图 5-11 所示，可出现浏览页面。

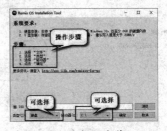

图 5-11　打开安装工具

（3）确认下载位置。找到要安装的操作系统，单击【打开】按钮，在弹出的对话框中确认下载位置后，单击【确定】按钮即可。

（4）重启。操作系统安装成功后，单击【现在重启】按钮即可。

》5.2.3 安装 3 个操作系统

安装 3 个操作系统与安装双操作系统类似，参考 5.2.2 节内容即可。

》5.2.4 设置电脑启动时的默认操作系统

（1）打开系统。打开控制面板，单击【系统】超链接。

（2）高级设置。单击【高级系统设置】超链接，如图 5-12 所示。

图 5-12　高级设置

（3）设置。在【启动和故障恢复】一栏中单击【设置】按钮，如图 5-13 所示。

图 5-13　单击【设置】按钮

（4）确认设置。弹出【启动和故障恢复】对话框，在【默认操作系统】下拉列表中可更换系统，用户也可自行在该对话框设置其他默认内容，设置完成后单击【确定】按钮。

5.3　安装电脑硬件驱动程序

》 5.3.1　驱动程序的作用与分类

作用：驱动程序是指直接工作于各种硬件设备上的软件，其主要作用是在电脑系统与硬件设备之间进行数据传送。如果一个硬件设备只有操作系统而没有驱动程序，是不能发挥硬件设备特有功能的，即驱动程序是操作系统与硬件之间的媒介，可实现双向传达，即将硬件设备本身具有的功能传达给操作系统，同时也将操作系统的标准指令传达给硬件设备，从而实现两者的无缝连接。

分类：驱动程序可以分为官方正式版、微软 WHQL 认证版、第三方驱动、发烧友修改版、Beta 测试版。

》 5.3.2　检查没有安装驱动程序的硬件设备

（1）打开设备管理器。打开控制面板，单击【设备管理器】超链接，如图 5-14 所示。

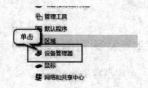

图 5-14　打开设备管理器

（2）查看设备。在设备管理器中浏览，存在的设备即为已安装驱动程序的硬件设备，如图 5-15 所示。

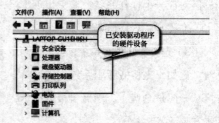

图 5-15　查看设备

》 5.3.3　获得驱动程序

（1）搜索品牌官网（以联想为例）。打开搜索引擎，在搜索栏输入电脑品牌（以联想为例），找到官网，将其打开。

（2）搜索驱动。在官网上方的搜索框中搜索驱动。

》 5.3.4　驱动程序安装顺序

（1）选择安装方式。在图 5-16 所示的界面中可选择安装方式，左边的可立即下载安装；右边的单击后输入型号，查找驱动后再安装。

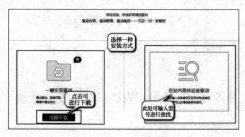

图 5-16　选择安装方式

（2）输入型号。输入查找的型号，进行查找。

（3）开始安装。选择操作系统，选择驱动列表中的第一个开始下载驱动。用户若想下载其他内容，可下拉页面进行查看。

▶▶ 5.3.5　自动安装驱动程序

自动安装驱动程序是指设备生产厂商将驱动程序做成一种可执行的安装程序，用户只需在电脑光驱中放置驱动安装盘，双击【Setup.exe】程序即可。

▶▶ 5.3.6　手动安装驱动程序

（1）打开设备管理器。打开控制面板，单击【设备管理器】超链接。

（2）扫描检测。选择要安装驱动的软件，在弹出的快捷菜单中选择【扫描检测硬件改动】命令，如图 5-17 所示。

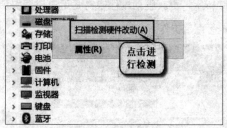

图 5-17　扫描检测

（3）安装完成。等待扫描，系统将自动安装，安装完成后，返回【设备管理器】页面即可。

▶▶ 5.3.7　安装显卡驱动程序

（1）运行。将显卡的安装盘放入光驱中，在弹出的【自动播放】对话框中单击【运行 autorun.exe】按钮，如图 5-18 所示。

图 5-18　运行

（2）确认。在弹出的对话框中单击【是】按钮。

（3）选择程序。运行程序，打开安装界面，选择程序。

（4）选择驱动。选择显卡型号对应的驱动选项。

（5）安装。在安装向导中，按照系统提示进行操作即可。

（6）复制驱动文件后，系统开始检测，将驱动程序复制到系统中，复制完成后页面将弹出完成对话框，单击【完成】按钮即可。

▶▶ 5.3.8　更新驱动程序

（1）打开管理器。打开控制面板，单击【设备管理器】超链接。

（2）查找更新程序。在设备管理器列表中查找要更新的程序，右击，在弹出的快捷菜单中选择【更新驱动程序】命令，如图 5-19 所示。

图 5-19　查找更新程序

（3）选择更新方式。在弹出的页面中选择一种更新方式，等待完成即可，如图 5-20所示。

图 5-20　选择更新方式

≫ 5.3.9 卸载驱动程序

（1）打开管理。右击【此电脑】（或【我的电脑】），在弹出的快捷菜单中选择【管理】命令。

（2）找到驱动程序。打开【计算机管理】窗口，选择【设备管理器】，在右侧展开栏找到要卸载的驱动，右击，在弹出的快捷菜单中选择【卸载设备】命令，如图 5-21 所示。

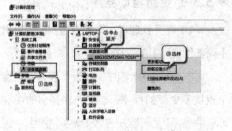

图 5-21　找到驱动程序

（3）确定。弹出【卸载设备】对话框，单击即可。

≫ 5.3.10 使用"驱动精灵"安装驱动程序

（1）立即检测。在"驱动精灵"官网根据本机情况选择下载"驱动精灵标准版"或者"驱动精灵网卡版"，安装好软件后打开，单击【立即检测】按钮，软件会进行全系统驱动程序检测，如图 5-22（a）所示。检测完毕后，在"驱动管理"选项卡中会统计出未安装驱动的设备、需要升级驱动程序的设备、驱动组件问题以及已安装驱动程序设备情况。

图 5-22（a）　立即检测

（2）一键修复。单击"一键修复"按钮，如图 5-22（b）所示。驱动精灵进行以上问题的处理，即自动下载安装驱动、修复驱动组件问题、将设备的驱动程序升级到最新版，更新驱动过程中需要用户根据提示进行配合操作。

图 5-22（b）　一键修复

（3）更新完毕。驱动更新完毕，可以继续使用"驱动精灵"的其他功能或者关闭软件。

▶ 5.3.11 修补系统漏洞

（1）安装 360 安全卫士。打开迅雷 App 搜索【360 安全卫士】进行安装；或直接在浏览器中搜索【360 安全卫士】进行安装。

（2）系统扫描。打开 360 安全卫士，在页面上方将出现系统自动扫描按钮，单击即可开始自动扫描。

（3）一键修复。扫描完成后，单击【一键修复】按钮，如图 5-23 所示。

图 5-23　一键修复

（4）重启。修复完成后，单击【重启】按钮，重启电脑即可。

5.4 专题分享——安装应用软件

▶ 5.4.1 认识常用的应用软件

生活中，我们的办公离不开电脑应用软件，常用的应用软件有 Word ![W]、Excel ![X]、PPT ![P]、WPS ![W]、鲁大师 ![鲁大师]、QQ ![QQ]、微信 ![微信]、爱奇艺 ![iQIYI]等。

▶ 5.4.2 常规安装软件和卸载软件的方法

通常情况下，用户可以在浏览器中查找需要安装的软件，在官网中即可下载。下载完成后，根据官网中的安装步骤进行安装即可。

卸载软件时，可以在【控制面板】→【程序和功能】→【卸载程序】寻找需要卸载的软件，也可以利用 360 安全卫士中的软件管家进行卸载。对一些绿色软件，直接找到其存储的位置进行删除，即可完成卸载。

▶ 5.4.3 安装文字处理软件 Office 2021

用户可在官网中下载 Office 2021 安装包，在网上搜索 Office 2021 安装方法辅助学习安装和注意事项，接下来根据以下步骤安装。

（1）首先将下载数据包解压，点击 Office Tool Plus.exe 文件进行安装，如果出现一个提示安装 .NET 的对话框，请按照提示单击【是】按钮，系统开始安装 .NET Framework v5.0 运行库。如果没有出现此对话框，提示则跳到第2步。

（2）在弹出的窗口中左侧选择【Office 专业增强版 2021 批量版】，右侧区域根据自己需求进行设置，再点击右上角的【开始部署】进行软件下载安装，过程如图5-24所示。

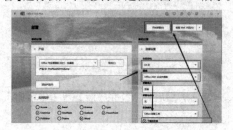

图5-24　Office 2021 安装前的设置

（3）安装完成，直接点击关闭按钮；在 Office Tool Plus 主界面中，点击激活，选择【Office 专业增强版 2021 批量版】，点击安装许可，等待右侧操作结果提示激活完成即可使用。

》5.4.4　安装杀毒软件

杀毒软件有很多，下面以360软件为例，介绍杀毒软件的安装方法。

（1）进入官网。在浏览器中输入网址 https://sd.360.cn 进入；或在浏览器搜索【360杀毒】，找到360杀毒官网并进入。

（2）下载。选择下载方式进行下载。

（3）安装。下载完成后，找到下载位置，双击运行程序进行安装。

》5.4.5　安装图形处理软件 Ps 2022

（1）下载。在网址栏搜索 https://www.adobe.com/cn/products/photoshop.html，进入官方网站的相应页面，选择合适的软件进行下载，如图5-25所示。

图5-25　下载

（2）安装。找到下载的程序，双击运行，按照提示的步骤进行安装。

≫ 5.4.6 安装硬件性能监测软件鲁大师

（1）搜索。搜索"鲁大师"，找到官网并进入。

（2）下载。选择要下载的方式并点击，开始下载前，页面会弹出运行窗口，单击【运行】按钮即可。

（3）完成。下载完成后，找到下载文件夹下的运行安装程序文件，根据提示步骤进行安装，安装完成后在【开始】菜单或桌面找到该软件的快捷方式双击开始使用。

≫ 5.4.7 安装视频播放软件

下面以爱奇艺视频播放软件为例说明其安装过程。

（1）进入官网。搜索"爱奇艺官网"，找到官网并进入。

（2）下载。单击【立即下载和安装】按钮。

（3）立即安装。选择合适的下载地址，勾选协议，单击【立即安装】按钮，等待安装即可。

（4）开始体验。在弹出的对话框中取消选中其他安装软件，单击【立即体验】按钮即可。

≫ 5.4.8 安装聊天软件 QQ 2021

（1）进入官网。搜索"QQ官网"，找到官网并进入。

（2）下载。选择适合自己电脑环境的且是目前最新的软件版本，单击【立即下载】按钮。

（3）安装并使用。下载完成后，找到

下载文件夹下运行安装程序文件，根据提示步骤进行安装，安装完成后在【开始】菜单或在桌面找到该软件的快捷方式双击开始使用。

≫ 5.4.9 安装压缩与解压缩软件（RAR 压缩）

（1）进入官网。搜索"RAR压缩"，找到官网并进入。

（2）下载。选择下载方式，单击【安全下载】按钮，在弹出的窗口选择【官方安装】。

（3）安装。安装完成后，勾选协议，选择安装位置，即可运行软件。

≫ 5.4.10 安装极速下载软件迅雷（迅雷 11）

（1）进入官网。搜索"迅雷下载"，找到官网并进入。

（2）下载。找到要下载的迅雷，单击【下载】按钮。

（3）开始安装。选择安装地址后，单击【开始安装】按钮，进入等待阶段。

（4）安装完成。安装页面结束后，即为完成安装，用户可在桌面中找到图标，打开进行体验。

≫ 5.4.11 安装图片编辑软件美图秀秀

（1）进入官网。搜索"美图秀秀"，找到官网并进入。

（2）进行下载。找到"美图秀秀电脑

版"，单击开始下载，如图 5-26 所示。

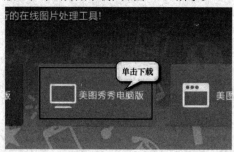

图 5-26 下载

（3）选择下载方式。在弹出的页面选择

适合电脑的下载方式。

（4）选择下载地址。在弹出的任务栏中找到适合下载的地址。

（5）完成下载。下载完成后，将在迅雷的工具栏左侧弹出完成提示，单击右侧文件夹图标，可打开文件夹。

（6）形成快捷方式。找到现在的程序后，可将"美图秀秀"拖到桌面，形成快捷方式。

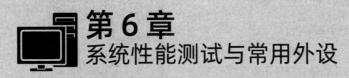

第 6 章
系统性能测试与常用外设

我们在选择电脑检测软件时要注意什么？如何判断一台电脑性能的好坏呢？下面通过本章内容，解答大家长久以来的困惑。

6.1 查看电脑中的硬件

≫ 6.1.1 使用 DirectX 诊断工具

（1）打开诊断工具。按"Win+R"组合键，在弹出的【运行】对话框中输入"dxdiag"，单击【确定】按钮。

（2）诊断浏览。打开 DirectX 诊断工具，在诊断工具栏用户可自行查看 DirectX 相关功能的状态，如图 6-1 所示。

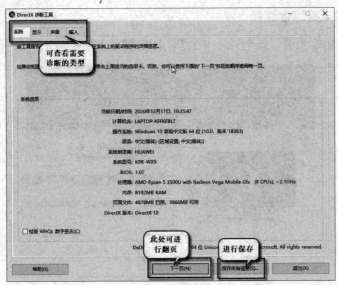

图 6-1　诊断浏览

6.1.2 使用设备管理器

（1）打开设备管理器。打开控制面板，单击【设备管理器】超链接。

（2）浏览。在打开的【设备管理器】窗口中浏览查看设备，如图6-2所示。

图 6-2 浏览

6.1.3 使用 CPU-Z 软件

（1）缓存信息。找到缓存信息标签页，查看缓存信息，如图6-3所示。

图 6-3 查看缓存信息

（2）处理器信息。选择【处理器】选项卡，可以查看处理器详细信息。

（3）主板信息。选择【主板】选项卡，可以查看主板、BIOS 的相关信息。

（4）内存。选择【内存】选项卡，可以查看类型、大小、通道数、频率等信息。

（5）SPD。选择【SPD】选项卡，可以查看 SPD 的相关内容。

6.2 用鲁大师测试电脑综合性能

6.2.1 测试电脑综合性能

（1）性能测试。打开"鲁大师"，单击【性能测试】，如图6-4所示。

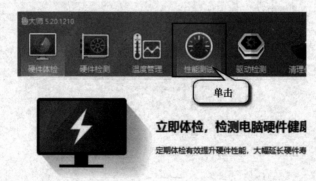

图 6-4 性能测试

（2）开始测评。在【性能测试】页面中勾选所有选项，单击【开始测评】按钮进行综合测评。

（3）查看得分。测评结束后，系统将自动评分，用户可在综合分数下方查看单项得分情况，如图 6-5 所示。

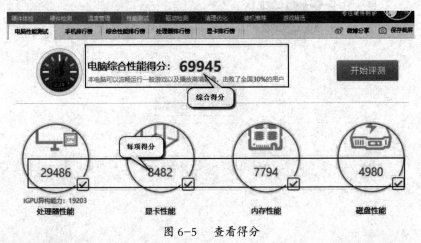

图 6-5　查看得分

（4）查看排行榜。在【性能测试】下方单击【综合性能排行榜】，可查看电脑的排名情况，以此鉴定电脑性能的好坏，如图 6-6 所示。

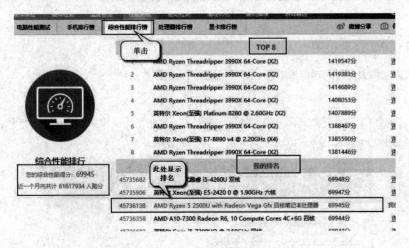

图 6-6　查看排行榜

≫ 6.2.2 电脑硬件信息检测

（1）检测。在"鲁大师"的页面上方的工具栏选择【硬件体检】，单击【硬件体检】按钮，开始检测，如图 6-7 所示。

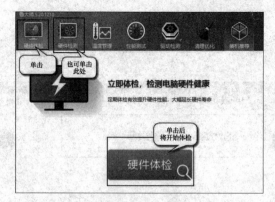

图 6-7　检测

（2）进行修复。体检结束后，会检测出需要修复的内容，用户可单击【一键修复】按钮对电脑进行修复。

6.3 专题分享——电脑系统性能专项检测

6.3.1 CPU 性能检测

本章以"鲁大师"为例简单讲解 CPU 性能检测，具体步骤如下。

1. 方法一

（1）查看 CPU 性能。打开"鲁大师"，找到工具栏中的【温度管理】并单击打开，可查看 CPU 的各项指标及使用情况，从而达到监测目的，如图 6-8 所示。

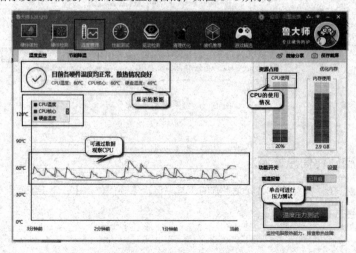

图 6-8　查看 CPU 性能

（2）温度压力测试。单击【温度管理】界面中的【温度压力测试】按钮，在弹出的确认对话框中单击【确认】按钮，出现动画，等待 3 分钟，如果未出现过热报警，即为散热正常，可关闭动画窗口。

2．方法二

（1）选择处理器性能。打开"鲁大师"，找到【性能测试】单击并进入，只选中【处理器性能】复选框，单击【开始测评】按钮，等待测评结果，如图 6-9 所示。

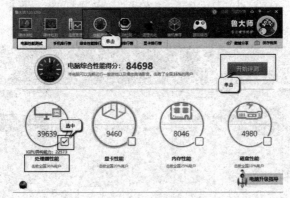

图 6-9　选择处理器性能

（2）查看测评结果。测试结束后，查看 CPU 性能测试结果，根据分数可对电脑的性能进行衡量。

（3）查看排行榜。选择【处理器排行榜】，可查看处理器排名。

≫ 6.3.2　显卡性能检测

本节以"鲁大师"为例讲解显卡性能检测，操作步骤如下。

（1）选择显卡性能。打开"鲁大师"，找到【性能测试】单击并进入，只选中【显卡性能】复选框，单击【开始测评】按钮，系统将自动弹出动画页面进行测评，如图 6-10 所示。

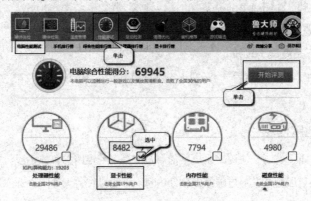

图 6-10　选择显卡性能

（2）查看测评结果。测试结束后，系统将自动弹出动画，给出显卡得分，用户自行查看即可。

（3）查看显卡排行榜。找到【显卡排行榜】单击并进入，即可查看显卡排名。

≫ 6.3.3 内存检测

本节以"鲁大师"为例简单讲解内存检测，具体步骤如下。

（1）检测内存性能。打开"鲁大师"，找到【性能测试】单击并进入，选中【内存性能】复选框，单击【开始测试】按钮，如图 6-11 所示。

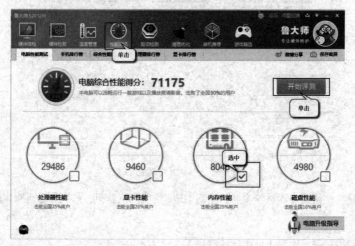

图 6-11   内存检测

（2）查看结果。耐心等待，测评结束后，将在【内存性能】处给出现分数，该分数即为测评结果。

≫ 6.3.4 磁盘检测

本节以"鲁大师"为例简单讲解磁盘检测，具体步骤如下。

（1）检测磁盘性能。打开"鲁大师"，找到【性能测试】单击并进入，选中【磁盘性能】复选框，单击【开始测试】按钮。

（2）查看结果。测试结束后，可在【磁盘性能】上方查看分数。

≫ 6.3.5 查看电脑信息

当我们对电脑不了解时，快速查看电脑信息是一个了解电脑的有效手段。除可以查看电脑自配装置信息外，还可以查看其他电脑修复软件信息。下面以"鲁大师"为例介绍查看电脑信息的具体步骤。

（1）查看信息。打开"鲁大师"，找到【硬件检测】单击并进入，可单击左侧工具条中的任意信息进行查看，如图 6-12 所示。

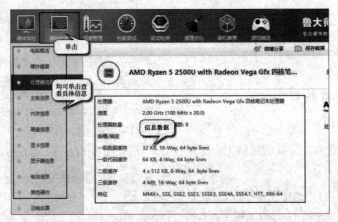

图 6-12　查看信息

（2）功耗估算。在【硬件检测】中选择【功耗估算】，若设备未能自动识别出电脑型号，可手动选择型号进行功耗估算。注意，估算的功耗越低，代表电脑越节能。

≫ 6.3.6 电脑清理优化

电脑在不断地运行过程中，随着时间的积累，将出现许多隐藏的垃圾需要清理，这时即可使用杀毒软件。下面以"鲁大师"为例，讲述电脑清理优化的具体步骤。

（1）开始扫描。打开"鲁大师"，找到【清理优化】并单击进入，单击可【开始扫描】按钮，开始扫描。

（2）一键清理。扫描结束后，系统将自动统计需要清理的内容，用户可单击【查看详情】按钮进行查看。确认清理后，单击【一键清理】按钮，如图 6-13 所示。

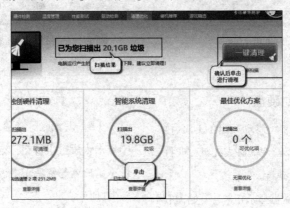

图 6-13　一键清理

（3）清理完成。清理结束，用户查看结果后可重新扫描，也可退出软件。

6.4 常用外设的使用

≫ 6.4.1 使用 U 盘复制文件

（1）打开 U 盘。插入 U 盘，在弹出的浮标中打开 U 盘或在【我的电脑】中打开 U 盘。

（2）复制文件。选中要复制的文件，右击，在弹出的快捷菜单中选择【复制】命令。

（3）粘贴到 U 盘。在 U 盘空白处右击，在弹出的快捷菜单中选择【粘贴】命令。

（4）弹出 U 盘。结束使用后，用户可在【我的电脑】中找到 U 盘所在位置，选中后右击，在弹出的快捷菜单中选择【弹出】命令，如图 6-14 所示。

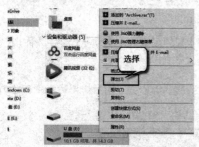

图 6-14　弹出 U 盘

≫ 6.4.2 使用移动硬盘

（1）进入硬盘。将移动硬盘的 USB 接口插入电脑中，打开管理器进入硬盘，或打开【我的电脑】进入硬盘。

（2）等待硬盘数据显示正常，开始读取

和存入文件，建议存入的文件总容量保持在硬盘总容量的三分之二，以免过满影响读取速度和硬盘寿命。

（3）使用完毕以后，应通过正确的"弹出硬盘"方法拔掉硬盘。具体方法为右击状态栏右下角的"可移动磁盘"图标，然后选择要弹出的名称，点击弹出，弹出操作完成后，需要等移动硬盘上的 LED 灯熄灭之后，再将移动硬盘从电脑上拔掉。

（4）平时要注意保存好移动硬盘，别让硬盘掉落到地面或受到强烈的碰撞。

≫ 6.4.3 连接手机并管理手机文件

（1）远程管理。在手机（安卓系统）上选择【文件管理】　→【远程管理】，如图 6-15 所示。

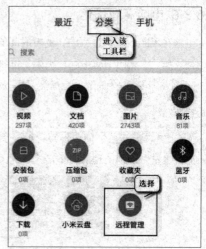

图 6-15　远程管理

（2）设置账号密码。在【远程管理】中点击【设置】按钮，选择【高级设置】，在【用户名与密码】中设置账号密码，如图 6-16 所示。

图 6-16　设置账号密码

（3）启动服务。点击【确定】按钮，在打开的界面中在点击【启动服务】按钮，系统将自动生成 FTP 地址。

（4）输入地址。打开【我的电脑】，在地址栏中输入该 FTP 地址，即可直接访问。若需密码，则输入账号密码即可。

6.4.4　共享网络打印机

（1）找到设备与打印机。打开控制面板或设备管理器，单击【设备与打印机】超链接。

（2）添加。打开【设备和打印机】窗口，单击【添加打印机】。

（3）更换方式。在打开的【添加设备】窗口中单击【我所需的打印机未列出】按钮。

（4）输入路径。在弹出的【添加打印机】对话框中输入打印机路径，用户可在输入后进行浏览，确认无误后，单击【下一步】按钮，如图 6-17 所示。

图 6-17　输入路径

（5）安装驱动。在弹出的安装页面单击【安装驱动程序】按钮。

（6）完成。打印机安装成功后，用户可以通过打印测试页查看打印机的打印效果。

6.4.5　安装扫描仪

（1）下载驱动。在官网中下载扫描仪驱动，双击运行。

（2）选择 IP 地址。按照提示步骤进行操作，选择图 6-18 所示的 IP 地址，单击【下一步】按钮，继续按照提示进行操作即可。

图 6-18　选择 IP 地址

（3）连线。如扫描仪为有线扫描仪，则将扫描仪与电脑的 USB 接口相连。

（4）扫描。双击打开扫描仪，进行扫描。

6.4.6　连接投影仪

（1）接线。将投影仪接线与电脑相连。

（2）系统切换投影。打开控制面板，单击【硬件和声音】超链接，在打开的【硬件和声音】对话框中选择【连接到投影仪】。

（3）选择投影方式。用方向键选择合适的投影方式，如图 6-19 所示。

图 6-19　选择投影方式

≫ 6.4.7　连接手写板

（1）安装驱动。运行手写板驱动程序，选择合适的型号。

（2）安装。按照提示进行安装即可。

（3）接线。驱动安装结束后，将手写板的 USB 接线接入电脑中。

（4）编辑。接线完成后，打开电脑自带的输入面板，或其他已安装驱动的手写面板即可进行手写编辑，如图 6-20 所示。

图 6-20　编辑

第7章
Windows 10 操作技巧

熟练掌握电脑使用技巧与故障排除方法，可以让我们在遇到一般问题时轻松应对。让我们一起翻开电脑操作篇，学习 Windows 10 的操作技巧吧。

7.1 系统基础设置

>> 7.1.1 连接蓝牙

蓝牙是一种为固定设备和移动设备研发的近距离无线连接技术。在使用电脑端时，我们常使用蓝牙连接无线鼠标、无线键盘等设备，或者使用蓝牙连接移动设备传输文件。

如电脑是第一次连接蓝牙设备，则选择【开始】→【设置】命令，如图 7-1 所示，进入【设置】界面。单击【设备】按钮，跳转至操作界面。

图 7-1　进入【设置】界面

在【蓝牙和其他设备】界面可进行操作，完成电脑与蓝牙设备的配对与连接。下面以电脑与无线耳机进行连接为例说明其操作过程，操作步骤如下。

（1）单击蓝牙开关，打开蓝牙，如图 7-2 所示。

（2）单击【添加蓝牙或其他设备】左边的【＋】按钮，选择【蓝牙】选项。

（3）在耳机端开启蓝牙，等待系统完成搜索后，核对蓝牙名称，单击进行配对。

（4）完成配对，返回【蓝牙和其他设备】界面，可以看到【音频】栏目的已配对设备。单击选项卡，可进行"断开连接"或"删除设备"操作。

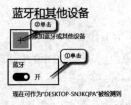

图 7-2　打开蓝牙

▶ 7.1.2 连接 WLAN

WLAN（Wireless Local Area Network，无线局域网）的出现弥补了有线局域网的劣势，突破了网络距离的限制，给网络用户带来了便利。连接 WLAN 的步骤如下。

（1）在无线局域网络覆盖的环境里选择【开始】→【设置】命令，进入【设置】界面，单击【网络和 Internet】按钮。

（2）进入 WLAN 操作界面，开启 WLAN，单击【显示可用网络】超链接，如图 7-3 所示。

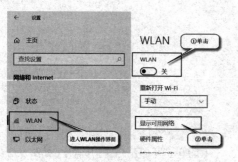

图 7-3　开启 WLAN

（3）屏幕右下角弹出可用网络界面，在列表中选中目标网络，输入网络安全密钥，单击【下一步】按钮，完成网络连接。

▶ 7.1.3 调节设备音量

调节主音量可以改变所有的声音，也可以根据主音量按百分比调整设备和应用程序的音量。

1. 调节主音量

单击桌面下方任务栏中的【音量】图标，拖动滑块调节主音量。

2. 调节设备和应用程序音量

（1）右击桌面下方任务栏中的【音量】

图标，在弹出的快捷菜单中选择【打开音量合成器】命令。

（2）在【音量合成器】界面中，拖动滑块，可分别调整对应部分的音量。

▶ 7.1.4 调节屏幕亮度

（1）选择【开始】→【设置】命令，如图 7-1 所示。

（2）选择【系统】选项卡。

（3）在【显示】界面找到【亮度和颜色】栏目，拖动滑块改变内置显示器的亮度，如图 7-4 所示。

图 7-4　调节屏幕亮度

▶ 7.1.5 设置个性化主题

1. 设置背景壁纸

（1）选择【开始】→【设置】命令，如图 7-1 所示。

（2）选择【个性化】选项卡。

（3）选择【背景】选项，可以选择【图片】【纯色】【幻灯片放映】3 种模式。

2. 设置主题颜色

（1）选择【开始】→【设置】命令，如图 7-1 所示。

（2）选择【个性化】选项卡。

（3）选择【颜色】选项，可以选择【浅色】【深色】【自定义】3 种模式。

3.设置锁屏界面

（1）选择【开始】→【设置】命令，如图 7-1 所示。

（2）选择【个性化】选项卡。

（3）在【背景】菜单栏中可以选择【Windows 聚焦】【图片】【幻灯片放映】3 种模式，在下方区域可设置在锁屏界面显示的应用及详略情况。

>> 7.1.6 放大屏幕显示的内容

（1）选择【开始】→【设置】命令，如图 7-1 所示。

（2）进入【设置】界面，选择【系统】选项卡。

（3）单击【显示】进入操作界面，找到【缩放与布局】菜单栏，单击下拉箭头，在弹出的下拉列表中可以选择常用的几种放大比例，范围为 100%～175%，文本和应用等项目的大小依次增大，如图 7-5 所示。

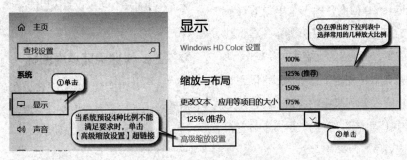

图 7-5　设置常用的放大比例

7.2　整理桌面及工作区

>> 7.2.1 查找本机文件

双击桌面【此电脑】图标，进入【此电脑】界面，在界面右上角的搜索框内输入文件全称或部分名字（可输入扩展名，以便缩小查找范围），按 "Enter" 键进行搜索。当搜完成后，浏览列表，可双击打开文件；或者选中文件，右击，在弹出的快捷菜单中选择【打开文件夹位置】命令，跳转至文件存储位置，如图 7-6 所示。

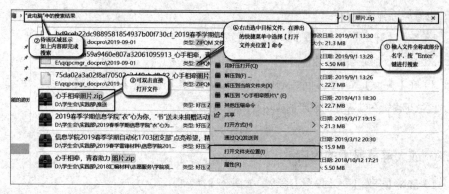

图 7-6　　查找本机文件

≫ 7.2.2 自定义【开始】菜单

Windows 10 的【开始】菜单中的选项可进行自定义设计，选择【开始】，右击其中的某个应用，在弹出的快捷菜单中单击【从"开始"屏幕取消固定】命令，则可以删除该应用。右击左侧列表中的应用，在弹出的快捷菜单中【固定到"开始"屏幕】命令，就可以将应用添加到右侧区域。

假设【开始】菜单初始状态如图 7-7 所示，我们删除【日历】应用，添加【便笺】应用。在删改完成后，按住鼠标左键拖动应用，可以更改应用位置。

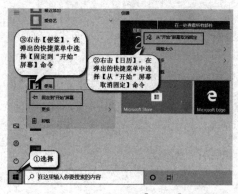

图 7-7　　自定义设置【开始】菜单

右击图标，在弹出的快捷菜单中选择【调整大小】命令，可以设置应用的大小。

≫ 7.2.3 快速隐藏桌面图标

将屏幕切换至桌面，右击，在弹出的快捷菜单中选择【查看】命令，取消选中【显示桌面图标】，如图 7-8 所示。

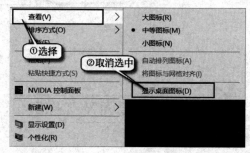

图 7-8　　隐藏桌面图标

≫ 7.2.4 清理工作区

当电脑桌面打开了多个应用程序时，可以在某个需要保留的应用窗口按住鼠标左键，轻微晃动鼠标，所有其他应用将自动最小化，如图 7-9 所示。

图 7-9　清理工作区

》7.2.5 自定义操作中心快捷方式

（1）选择【开始】→【设置】命令，如图 7-1 所示。

（2）进入【设置】界面，选择【系统】选项卡。

（3）选择【通知和操作】选项卡，单击【编辑快速操作】超链接，右下角弹出编辑界面。

（4）单击已展示标签右上角可以删除标签；单击【添加】按钮，在弹出的下拉列表中选择目标选项卡，添加标签；按住鼠标左键拖动标签，可以重新排列其展示方式。最后单击【完成】按钮，如图 7-10 所示。

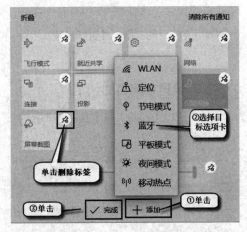

图 7-10　删除或添加标签

7.3　专题分享——电脑安全保护设置

》7.3.1　设置电脑密码

（1）选择【开始】→【设置】命令，如图 7-1 所示。

（2）进入【设置】界面，选择【账户】选项卡，切换至账户界面。

（3）单击【登录选项】选项卡，单击【添加】按钮，则会弹出创建密码窗口。

（4）设置密码及密码提示，单击【下一步】按钮，如图 7-11 所示。

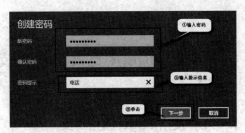

图 7-11　设置密码及密码提示

（5）单击【完成】按钮，结束设置。

▶ 7.3.2 查看隐私设置

以位置权限为例进行查看，具体步骤如下。

（1）选择【开始】→【设置】命令，如图7-1所示。

（2）进入【设置】界面，选择【隐私】→【位置】选项卡，下拉界面查看可访问精确位置信息的应用，并进行设置。

▶ 7.3.3 设置电脑自动锁定

（1）选择【开始】→【设置】命令，如图7-1所示。

（2）进入【设置】界面，选择【系统】选项卡，则会弹出【设置】窗口。

（3）选择【电源和睡眠】选项卡，以使用电池电源情况为例，单击下拉箭头，在弹出的下拉列表中选择合适的自动锁屏时间，如图7-12所示。接通电源情况下的自动锁屏时间与睡眠模式开启的时间也使用相同的方法设置。

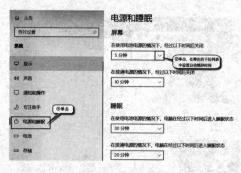

图7-12　设置使用电池电源时的自动锁屏时间

▶ 7.3.4 查看并开启防火墙与网络保护

（1）选择【开始】→【设置】命令，如图7-1所示。

（2）进入【设置】界面，选择【更新和安全】选项卡。

（3）选择【Windows安全中心】→【防火墙和网络保护】，查看防火墙是否开启。若未开启，则单击【打开】按钮，如图7-13所示。

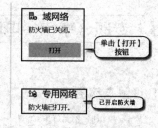

图7-13　查看并开启防火墙

7.4 Edge 浏览器的使用技巧

▶ 7.4.1 使用 Edge 浏览网页

Microsoft Edge 是随 Windows 10 出现由微软推出的浏览器，足以满足用户的基本需求。

（1）单击【开始】菜单，在弹出的应用列表中找到 Microsoft Edge 并选择，如图7-14所示。

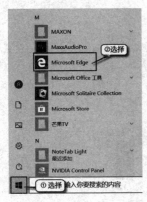

图 7-14　打开 Edge 浏览器

（2）打开 Microsoft Edge 浏览器，在搜索文本框中输入关键词，单击【搜索】按钮，完成操作。

7.4.2　自定义设置工具栏

单击 Microsoft Edge 浏览器右上角的【…】按钮，在弹出的下拉菜单中选择【在工具栏中显示】选项，在弹出的级联菜单中选中想要展示的工具，如图 7-15 所示。

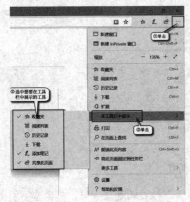

图 7-15　自定义设置工具栏

7.4.3　恢复误删除的网页

将鼠标指针挪至页面标签栏的任一标签上，右击，在弹出的快捷菜单中选择【重新

打开已关闭的标签页】命令，即可恢复已关闭的界面，如图 7-16 所示。

图 7-16　恢复误删除的网页

7.4.4　查找浏览记录

单击 Microsoft Edge 浏览器右上角的【…】按钮，在弹出的下拉菜单中选择【历史记录】选项，在弹出的级联菜单中选中想要展示的工具，如图 7-17 所示。

图 7-17　查找浏览记录

7.4.5　收藏网页并排列文件夹

（1）单击 Microsoft Edge 浏览器右上角的【☆】按钮，在【名称】文本框中输入自定义名称，选择文件保存位置；单击【创建新的文件夹】按钮，可以创建新的文件夹，便于收藏页面的分类整理；单击【添加】按钮，

完成收藏操作，如图 7-18 所示。

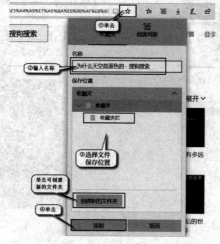

图 7-18　　收藏网页

（2）单击 Microsoft Edge 浏览器右上角的【…】按钮，在弹出的下拉菜单中选择【收藏夹】选项，在弹出的界面中拖动页面或文件夹标签，即可排列归属关系。

≫ 7.4.6　翻译网页内容

（1）单击 Microsoft Edge 浏览器右上角的【…】按钮，在弹出的下拉菜单中选择【扩展】选项，如图 7-19 所示。

图 7-19　　添加扩展插件

（2）在弹出的扩展窗口中列出了部分可用的扩展项，下拉界面到最下方，单击【了解更多的扩展】按钮，则显示更多可用扩展项。

（3）在 Microsoft Store 商店搜索并下载【网页翻译】扩展，单击【…】按钮，在弹出的下拉菜单中可选择将程序固定到【开始】菜单或任务栏。

（4）单击【启动】按钮，输入网址，并选择语言，完成网页的转换。

≫ 7.4.7 打印页面主要内容

打开需要打印的页面，单击 Microsoft Edge 浏览器右上角的【…】按钮，在弹出的下拉菜单中选择【打印】选项。

在弹出的界面中设置打印机及打印格式，在右侧界面可以预览打印效果，单击【打印】按钮，完成操作，如图 7-20 所示。

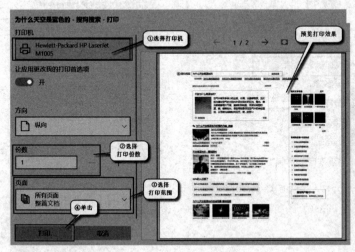

图 7-20　　设置打印格式

≫ 7.4.8 朗读 Web 内容

（1）打开需要朗读的页面，单击 Microsoft Edge 浏览器右上角的【…】按钮，在弹出的下拉菜单中选择【朗读此页内容】选项，开启朗读功能。

（2）系统开始朗读页面，同时右上角出现工具栏，从左到右按钮依次为【上一段落】【暂停】【下一段落】【语音设置】。单击【语音设置】按钮，在弹出的界面里可以调整速度和语音源。

≫ 7.4.9 阻止视频自动播放

（1）单击 Microsoft Edge 浏览器右上角的【…】按钮，在弹出的下拉菜单中选择【设置】选项，进入设置界面。

（2）选择【高级】选项卡，单击【媒体播放自动】下拉箭头，在弹出的下拉列表中选择【阻止】模式，如图 7-21 所示。

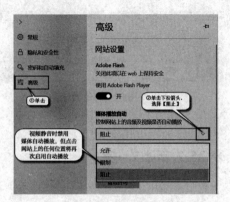

图 7-21　　阻止视频自动播放

▶▶ 7.4.10 将网页静音

右击页面标签，在弹出的快捷菜单中选择【对此标签页静音】命令，如图 7-22 所示。

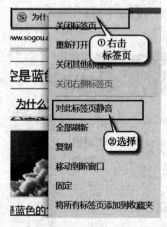

图 7-22　将网页静音

7.5 文件（夹）的基本操作

▶▶ 7.5.1 快速搜索文件或应用

（1）右击任务栏，在弹出的快捷菜单中选择【搜索】选项，选中【显示搜索框】，打开搜索框。

（2）在右下角搜索框中输入文件名或应用名，按"Enter"键完成搜索，如图 7-23 所示。

图 7-23　快速搜索

▶▶ 7.5.2 新建文件夹

（1）右击空白处，在弹出的快捷菜单中选择【新建】→【文件夹】命令，新建文件夹，

如图 7-24 所示。

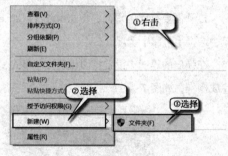

图 7-24　新建文件夹

（2）给文件夹命名，完成文件夹的创建。

▶▶ 7.5.3 文件（夹）重命名

选中文件（夹）并右击，在弹出的快捷菜单中选择【重命名】命令，如图 7-25 所示。

图 7-25　文件（夹）重命名

▶▶ 7.5.4 复制并粘贴文件（夹）

（1）选中文件（夹）并右击，在弹出的快捷菜单中选择【复制】命令。

（2）右击界面空白处，在弹出的快捷菜单中选择【粘贴】命令，完成文件夹的粘贴。

▶▶ 7.5.5 移动文件（夹）

（1）选中文件（夹）并右击，在弹出的快捷菜单中选择【剪切】命令。

（2）打开目标存放位置，右击空白处，在弹出的快捷菜单中选择【粘贴】命令，则文件被移动到目标存放位置。

≫ 7.5.6 删除或恢复文件（夹）

（1）选中文件（夹），按"Delete"键，可删除文件（夹）。

（2）在误删文件（夹）后，不切换界面，右击空白处，在弹出的快捷菜单中选择【撤销删除】命令，即可恢复前一步误删的文件（夹）。

≫ 7.5.7 设置文件（夹）的属性

选中文件（夹）并右击，在弹出的快捷菜单中选择【属性】命令，可进入属性设置界面，用户可以根据需求了解文件（夹）信息，调整属性设置。

（7.6）操作小技巧

≫ 7.6.1 启用无线投屏功能（电脑端作为显示器）

（1）选择【开始】→【设置】→【个性化】选项卡。

（2）进入【背景】界面，选择【任务栏】选项卡，单击【打开或关闭系统图标】超链接。

（3）在弹出的界面里打开【操作中心】。

（4）单击工具栏的【操作中心】按钮，

在弹出的界面中单击【连接】按钮。

（5）单击【投影到此电脑】按钮，进入设置界面。

（6）【投影到此电脑】的设置界面是对电脑接收信号充当显示器的设置，而对发射投屏需求的电脑并不需要进行任何设置，只需其平台中带有无线网卡功能即可。

在设置界面中，可将3项选项调整为【所有位置都可用】【每次请求连接时】【始终】，增强设备投影的安全性，如图7-26所示。

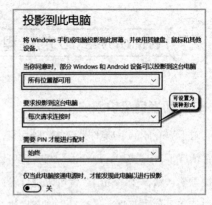

图7-26　完成投影到电脑端设置

（7）单击任务栏【操作中心】，单击【投影】，在弹出的界面中选择投影形式。

投影形式中的【复制】是指电脑和屏幕显示的完全一致；【扩展】是指屏幕在电脑屏幕之外，鼠标指针可以在两个屏幕之间移动。

（8）以华为手机端为例，在手机上选择【设置】→【设备连接】→【无线投屏】→【电脑名称】，输入pin码，手机屏幕即可出现在电脑端。

≫ 7.6.2 设置虚拟键盘

（1）右击任务栏，在弹出的快捷菜单中

选中【显示触摸键盘按钮】选项，则可开启任务栏的虚拟键盘按钮。

（2）单击任务栏右下角的键盘图标，拖动键盘上方空白区域，可以移动键盘位置，打开虚拟键盘。

➤ 7.6.3 启用系统助手小娜

（1）右击任务栏，在弹出的快捷菜单中选择【显示Cortona按钮】命令，则在任务栏出现Cortona按钮。

（2）单击任务栏中的Cortona按钮，按照系统提示完成操作，即可语音输入命令。

➤ 7.6.4 启用屏幕截图和草图

选择【开始】→【截图和草图】命令，即可启动程序。另外，也可以按"Windows + Shift + S"组合键启动该功能。

7.7 Windows 10 的键盘使用技巧

➤ 7.7.1 切换键盘输入法

对于Windows 10操作系统的电脑而言，通常情况下，按"Ctrl + Shift"组合键可切换键盘输入法，按"Shift"键可以进行输入法中英文切换，按"Caps Lock"键可以进行字母大小写切换。

➤ 7.7.2 从云剪贴板粘贴

（1）选择【开始】→【设置】→【系统】命令，在弹出的界面中选择【剪贴板】，开启剪贴板历史记录。

（2）复制文本后，按"Windows + V"组合键，界面弹出剪贴板，单击列表中的目标项，即可完成粘贴。

➤ 7.7.3 使用键盘输入表情符号

按"Shift + Ctrl"组合键，将键盘切换至中文（简体、中国）微软拼音；按"Shift +

Ctrl + B"组合键，屏幕中弹出表情符号界面，如图7-27所示。

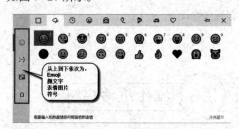

图 7-27　　表情符号界面

➤ 7.7.4 善用 F 栏快捷键

Fn + F2：对选定文件重命名。

Fn + F3：弹出资源管理器窗口。

Fn + F4：用于打开 Edge 浏览器中的地址栏列表。

Fn + F5：刷新当前窗口。

Fn + F6：快速在资源管理器及 Edge 浏览器中定位到地址栏；

Fn + F11：使当前的资源管理器变为全屏显示。

7.8 笔记本触摸板的操作

选择【开始】→【设置】→【设备】命令，在弹出的界面中选择【触摸板】选项卡，开启设置。同时，可根据用户习惯在该界面设置不同的快捷方式。

》7.8.1 打开 Windows 10 新的多任务视图

默认设置情况下，使用三根手指并排向上滑动，如图 7-28 所示，可打开多任务视图。

图 7-28　打开多任务视图

》7.8.2 将桌面应用最小化

默认设置情况下，使用三根手指并排向下清扫，如图 7-29 所示，可将桌面应用最小化。

图 7-29　将桌面应用最小化

》7.8.3 小窗口多任务快速切换

三根手指左右滑动可以实现小窗口多任务快速切换，如图 7-30 所示。

图 7-30　小窗口多任务快速切换

》7.8.4 打开通知面板

使用三根手指并排敲击触摸板，如图 7-31 所示，可打开通知面板。

图 7-31　打开通知面板

》7.8.5 切换上 / 下一张图片

双指同时向左或向右划，切换上 / 下一张图片，常用于浏览图片或横向排版的界面，如图 7-32 所示。

图 7-32　切换上 / 下一张图片

≫ 7.8.6 拖动浏览程序中的长页面

双指同时向上或向下划，可以模拟鼠标
滚轮，如图 7-33 所示。

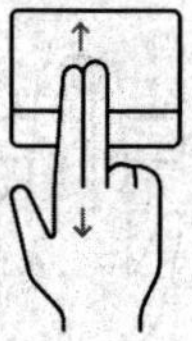

图 7-33 拖动浏览程序中的长页面

第8章
常用办公软件操作

处于信息时代的我们需要掌握多种电脑技能，熟练应用办公软件也是其中一项必备技能，下面就让我们一起学习常用的办公软件操作吧。

8.1 Word 的基础操作

》8.1.1 认识 Word 的基础界面

Microsoft Office 办公软件是我们工作和生活中常用的文件工具，其版本也在不断更新。这里使用 Word 2020，其主界面可以分为 3 部分，其中界面上方的工具栏显示各类选项卡；选择相应选项卡，在工具区会详细显示各项功能按钮；其余部分则为编辑文字的工作区，如图8-1 所示。

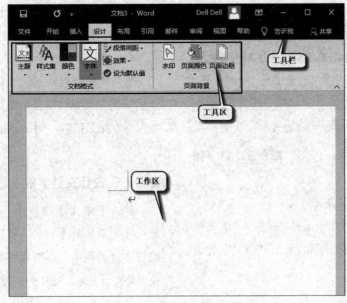

图 8-1　Word 的基础界面

≫ 8.1.2 新建空白文档与模板文档

（1）双击 Word 图标，进入 Word 程序，单击【空白文档】，即可新建空白格式的文档，如图 8-2 所示。

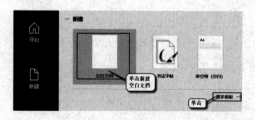

图 8-2　新建空白文档

（2）【新建】界面中还包括【书法字帖】【单空格（空白）】等模板文档。单击【更多模板】按钮，可搜索更多联机文档。

≫ 8.1.3 保存文件并更改存储位置

1.保存文件

（1）单击工具栏中的【保存】按钮，如图 8-3 所示，在弹出的对话框中选择存储位置。

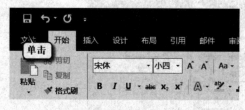

图 8-3　保存文件

（2）按"Ctrl + S"组合键，也可保存文件。

2.更改存储位置

选择【文件】→【另存为】命令，在弹出的对话框中选择存储位置，完成文件保存。

≫ 8.1.4 文档的批注

1.新建批注

（1）选中待批注的区域，单击【审阅】选项卡→【批注】面板→【新建批注】按钮，在弹出的批注框中输入内容，单击空白处即可完成操作，如图 8-4 所示。

图 8-4　新建批注

（2）右击批注，在弹出的快捷菜单中可设置批注的文字格式。

2.删除批注

右击批注，在弹出的快捷菜单中选择【删除批注】命令，即可删除批注。

3.处理批注

单击批注右下角的【答复】与【解决】，即可处理批注。

4.查看批注

当用户收到批注过的文档，但打开却查看不到文档批注时，可单击【审阅】选项卡→【批注】面板→【显示批注】按钮。

≫ 8.1.5 统计文档字数

单击【审阅】选项卡→【校对】面板→【字数统计】按钮，在弹出的【字数统计】对话框中可以查看页数、字数、段落数等统计信息，如图 8-5 所示。

图 8-5　显示字数统计结果

8.2　Word 的编辑操作

≫ 8.2.1　查找与替换文档内容

1. 快速查找文档内容

（1）单击【开始】选项卡→【编辑】面板→【查找】按钮。

（2）在弹出的文本框中输入要查找的文字内容，按"Enter"键，完成搜索。

查找范围包括标题、页面和文档所有内容，单击查找结果中的词条可以快速跳转到相关文档。

2. 高级查找文档内容

（1）单击【开始】选项卡→【编辑】面板→【查找】下拉箭头。在弹出的下拉列表中选择【高级查找】选项。

（2）弹出【查找和替换】对话框，在【搜索选项】模块设置搜索的基本要求。

（3）在【查找内容】文本框中输入查找内容。在【查找】模块可以设置特殊内容的查找，如查找任意字母、图形等。

（4）单击【在以下项中查找】下拉按钮，在弹出的下拉列表中选择【主文档】选项，可以在全部文档内容中进行搜索。

3. 替换文档内容

（1）单击【开始】选项卡→【编辑】面板→【替换】按钮。

（2）在弹出的【查找和替换】对话框中输入需要更改的内容和待替换的内容，单击【全部替换】按钮。

8.2.2　插入自定义素材

（1）单击【插入】选项卡，如图 8-6 所示。

图 8-6　单击【插入】选项卡

（2）选择要插入的内容，如页面、表格、插图、媒体等多项元素，用户可根据个人需求完成相应操作。

≫ 8.2.3　设置艺术字格式

（1）单击【插入】选项卡→【文本】面板→【艺术字】下拉按钮，在弹出的下拉菜单中选择一种形式，如图 8-7 所示。

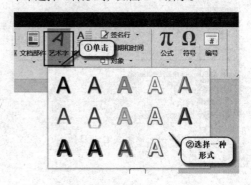

图 8-7　新建艺术字

（2）在弹出的文本框中输入文本内容，调整字体、字号、颜色等基本形式，并调整文本框的大小和位置。

（3）选中文本框，在上方工具区设置文字的形状样式和文本样式。

》8.2.4 快速编辑文档目录

（1）选中将要设置为目录中1级标题的文字，单击【引用】选项卡→【目录】面板→【添加文字】下拉按钮，在弹出的下拉列表中选择【1级】选项。

（2）使用同样方法设置其余级别的标题。

（3）单击【引用】选项卡→【目录】面板→【目录】下拉按钮，在弹出的下拉列表中选择一种形式的自动目录，如图8-8所示。

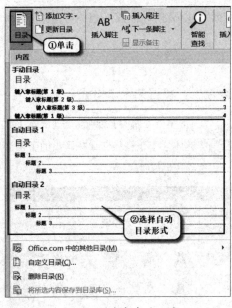

图 8-8　生成自动目录

》8.2.5 设置文档的访问权限

（1）选择【文件】→【信息】命令，单击【保护文档】下拉按钮，在弹出的下拉列表中选择【用密码进行加密】选项，如图8-9所示。

图 8-9　进入设置界面

（2）弹出【加密文档】对话框，设置密码后再重复输入密码，单击【确定】按钮，完成操作，如图8-10所示。

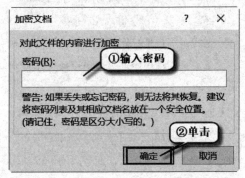

图 8-10　设置密码

8.3　Excel 的基础操作

》8.3.1 认识 Excel 的基础界面

Excel 2020 的主界面可以分为 3 部分，

其中界面上方的工具栏显示各类选项卡；选择某一选项卡，则会在工具区详细显示各项功能按钮；其余部分则为编辑文字的工作区，如图 8-11 所示。

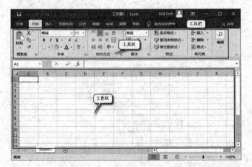

图 8-11　Excel 的基础界面

>> 8.3.2 新建空白工作簿与模板工作簿

（1）打开 Excel，单击【空白工作簿】，即可新建空白格式的文档。

（2）单击【更多模板】，即可搜索更多联机文档，如图 8-12 所示。

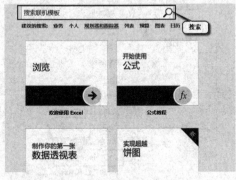

图 8-12　搜索联机文档

>> 8.3.3 保存文件并更改存储位置

1. 保存文件

（1）单击工具栏的【保存】按钮，如图 8-13 所示。

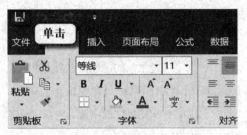

图 8-13　保存文件

（2）按"Ctrl + S"组合键，也可保存文件。

2. 更改存储位置

选择【文件】→【另存为】命令，在弹出的对话框中选择存储位置，完成文件保存。

>> 8.3.4 放大 / 缩小工作表表格

1. 方法一

拖动 Excel 界面右下角的滑块，可以调整工作表的比例，如图 8-14 所示。比例越大，界面中的单元格越大；比例越小，界面中的单元格越小。

图 8-14　拖动滑块放大 / 缩小单元格

2. 方法二

按住"Ctrl"键，转动鼠标中键，也可放大 / 缩小工作表。向上转鼠标中键，放大工作表；向下转鼠标中键，缩小工作表。

3. 方法三

（1）选择【视图】选项卡，单击【缩放】按钮。

（2）在弹出的界面中设置缩放比例，单击【确定】按钮，完成操作。

8.3.5 插入批注便笺

1. 新建批注

（1）选中待批注的区域，单击【审阅】选项卡→【批注】面板→【新建批注】按钮。

（2）在弹出的批注框中输入内容，单击空白处即可完成操作。

2. 编辑批注

（1）右击批注的单元格，在弹出的快捷菜单中选择【编辑批注】命令。

（2）选中文本内容并右击，在弹出的快捷菜单中选择【设置批注格式】命令。

（3）在弹出的对话框中设置批注内容的格式，单击【确定】按钮，完成操作。

3. 删除批注

右击批注的单元格，在弹出的快捷菜单中选择【删除批注】命令。

4. 查看批注

当用户收到批注过的文档，但打开却查看不到文档批注时，可单击【审阅】选项卡→【批注】面板→【显示所有批注】按钮。

8.4 Excel 的编辑操作

8.4.1 清除单元格内容

（1）拖动光标，选中待清除的单元格，单元格显示为深色，如图 8-15 所示。

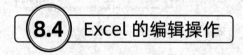

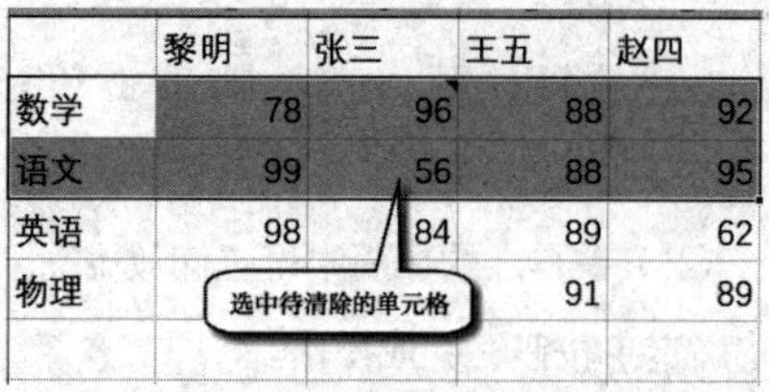

	黎明	张三	王五	赵四
数学	78	96	88	92
语文	99	56	88	95
英语	98	84	89	62
物理	选中待清除的单元格		91	89

图 8-15　选中待清除的单元格

（2）右击，在弹出的快捷菜单中选择【清除内容】命令，如图 8-16 所示。

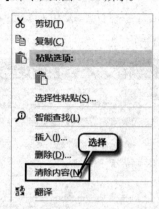

图 8-16　清除单元格内容

8.4.2 合并单元格

（1）选中待合并的单元格，右击，在弹出的快捷菜单中选择【设置单元格格式】命令，如图 8-17 所示。

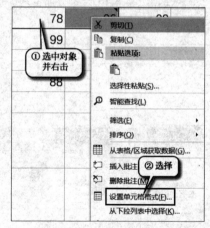

图 8-17　进入单元格格式设置界面

（2）弹出【设置单元格格式】对话框，选择【对齐】选项卡，选中【合并单元格】复选框，单击【确认】按钮，完成操作，如图 8-18 所示。

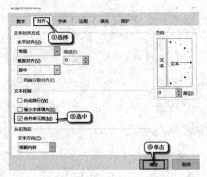

图 8-18　合并单元格

》8.4.3 添加与删除行/列

1. 添加行/列

在工作表中插入行时，所选中的行向下移动；在工作表中插入列时，所选中的列向右移动。

（1）单击行/列的序号，选中整行/整列。

（2）右击，在弹出的快捷菜单中选择【插入】命令，将自动插入行/列。

2. 删除行/列

在工作表中删除行时，删除的行下方单元格将整体上移；在工作表中删除列时，删除的列右方单元格将整体左移。

（1）单击行/列的序号，选中整行/整列。

（2）右击，在弹出的快捷菜单中选择【删除】命令，将删除所选的行/列。

》8.4.4 调整行高/列宽

1. 方法一

选中待调整的单元格，单击【开始】选项卡→【单元格】面板→【格式】下拉按钮，在弹出的下拉列表中选择【自动调整行高】/

【自动调整列宽】选项，系统将自动根据单元格内容调整行高与列宽。

2. 方法二

将光标移动到两列的列号中间，光标会变成一个双箭头，按住鼠标左键左右拖动，即可调整左边一列的列宽；将光标移动到两行的行号中间，光标会变成一个双箭头，按住鼠标左键上下拖动，即可调整上边一列的列宽。

3. 方法三

以行高为例，列宽同理，具体步骤如下。

（1）单击行或列的序号，选中整行。

（2）右击，在弹出的快捷菜单中选择【行高】命令。

（3）在弹出的【行高】对话框中输入数值，单击【确定】按钮，完成操作。

》8.4.5 添加边框和底纹

1. 添加边框

（1）选中要添加边框的区域。

（2）右击，在弹出的快捷菜单中选择【设置单元格格式】命令，弹出【设置单元格格式】对话框，如图 8-19 所示。

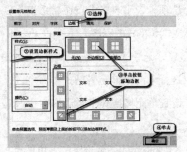

图 8-19　【设置单元格格式】对话框

（3）选择【边框】选项卡，在左侧列表中选择边框样式与颜色，在预览草图上添加边框，单击【确定】按钮，完成操作。

2．添加底纹

（1）选中要添加底纹的单元格。

（2）右击，在弹出的快捷菜单中选择【设置单元格格式】命令，弹出【设置单元格格式】对话框。

（3）选择【填充】选项卡，设置图案颜色、图案样式及背景色，单击【确定】按钮，完成操作。

》8.4.6 插入图表

1．插入图片

（1）单击【插入】选项卡→【插图】面板→【图片】下拉按钮，在弹出的下拉列表中选择【此设备】（本机图片）/【联机图片】（网络图片）选项，弹出【插入图片】对话框。

（2）选中图片，单击【插入】按钮，完成操作。

（3）调整图片大小和位置，设置图片边框、效果、版式等样式。

2．插入表格

（1）选中要插入表格的区域，单击【插入】选项卡→【表格】按钮，系统将在该区域插入默认格式的表格。

（2）选中表格，右击，在弹出的快捷菜单中选择【设置单元格格式】命令，在弹出的【设置单元格格式】对话框中更改表格的样式。

（3）将光标移至表格右下角顶点，光标将变为斜双箭头，按住鼠标左键，向下拖拽可以给表格增加行，向右拖拽可以给表格增加列。

3．插入图表

（1）选中将要在图表中显示的数据。

（2）单击【插入】按钮，选择要插入的图表类型与样式，系统自动生成图表。

（3）双击图表，在界面顶部弹出的菜单栏中更改图表样式。

（4）单击选中图表，单击【图表标题】对话框，更改标题内容，单击空白处完成操作。

（5）拖动边框更改图表大小，将其移动至合适的位置。

》8.4.7 使用函数计算

以求平均数为例，具体步骤如下。

（1）选中要放入平均分的表格，单击【公式】选项卡→【插入函数】面板→【插入函数】按钮，如图8-20所示。

图8-20　单击【插入函数】按钮

（2）弹出【插入函数】对话框，选择【AVERAGE】函数，单击【确定】按钮。

（3）使用鼠标框选出需要求平均值的数值，单击【确定】按钮，完成操作。

（4）选中求得的数值，将光标放置在单元格右下角，光标变为"十"字形，按住下拉即可求得其余数值的平均值。

》8.4.8 表格数据的排序与筛选

1．表格数据的排序

（1）选中待排序的数据，单击【开始】选项卡→【编辑】面板→【排序和筛选】下拉按钮，在弹出的下拉列表中选择【自定义排序】选项。

（2）在弹出的【排序】对话框中设置排序的参照列、排序依据和次序，单击【确定】按钮，完成操作。

2．表格数据的筛选

（1）单击有内容区域的任意格，确定筛选范围。

（2）单击【开始】选项卡→【编辑】面板→【排序和筛选】下拉按钮，在弹出的下拉列表中选择【筛选】选项。

（3）单击列首的下三角按钮，在弹出的下拉列表中选中筛选条件，单击【确定】按钮，则其余内容将被折叠。

≫ 8.5.1 认识 PowerPoint 的基础界面

PowerPoint 2020 的主界面可以分为 3 部分，其中界面上方的工具栏显示各类选项卡；选择某一选项卡，则会在工具区详细显示各项功能按钮；其余部分则为编辑文字的工作区，如图 8-21 所示。

图 8-21　PowerPoint 的基础界面

≫ 8.5.2 新建空白演示文档与模板演示文档

（1）打开 PowerPoint，单击【空白演示文稿】，即可新建空白演示文稿，如图 8-22 所示。

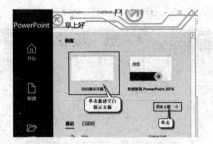

图 8-22　新建空白演示文稿

（2）单击【更多主题】按钮，即可搜索更多联机模板。

≫ 8.5.3 保存演示文档并更改存储位置

1．保存演示文档

（1）单击工具栏的【保存】按钮，保存演示文档，如图 8-23 所示。

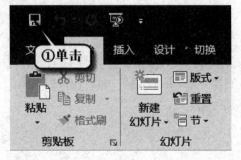

图 8-23　保存演示文档

113

（2）按 "Ctrl + S" 组合键，也可保存演示文稿。

2. 更改存储位置

选择【文件】→【另存为】命令，在弹出的对话框中选择存储位置，完成文档保存。

8.5.4 自定义播放演示文档

1. 常用放映方式

单击【幻灯片放映】选项卡→【开始放映幻灯片】面板→【从头开始】/【从当前幻灯片开始】按钮，可以从第一页/从当前界面开始放映幻灯片，如图 8-24 所示。

图 8-24　放映幻灯片

2. 自定义放映

（1）单击【幻灯片放映】选项卡→放映【开始放映幻灯片】面板→【自定义幻灯片放映】下拉按钮，在弹出的下拉列表中选择【自定义放映】选项，在弹出的【自定义放映】对话框中单击【新建】按钮。

（2）在【定义自定义放映】对话框左侧列表中选择幻灯片页码，单击【添加】按钮，将其加入自定义放映目录中，在右侧对目录进行编辑，最后给幻灯片命名。单击【确定】按钮，完成操作。

（3）返回到【自定义放映】页面，选中已定义的其中一个词条，单击【放映】按钮，即可播放。

8.5.5 将 PowerPoint 转换为 PDF 格式导出

（1）单击【文件】→【导出】命令，单击【创建 PDF/XPS 文件】按钮，如图 8-25 所示。

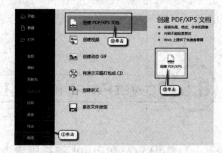

图 8-25　导出 PDF

（2）在弹出的【发布为 PDF 或 XPS】对话框中设置文件存储位置及文件名，文件扩展名应为 ".pdf"，单击【发布】按钮，导出文件，如图 8-26 所示。

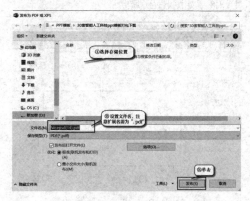

图 8-26　导出文件

8.6 PowerPoint 的编辑操作

≫ 8.6.1 插入文字和图片素材

1. 插入文字

（1）单击【插入】选项卡→【文本】面板→【文本框】按钮。

（2）在演示文稿的任意位置拖动鼠标，绘制文本框，输入内容。

（3）拖动虚线框调整文本框的大小；按住【旋转】按钮，移动鼠标，调整文本框的方向和角度；拖动文本框，将其移动到合适的位置。

（4）通过工具区设置文本框的形状效果。

（5）选中文本框中的内容，在工具区设置文本的字体、字号、颜色、特殊效果等样式。

2. 插入图片

（1）单击【插入】选项卡→【图像】面板→【图片】下拉按钮，在弹出的下拉列表中选择【此设备】（本机图片）/【联机图片】（网络图片）选项，弹出【插入图片】对话框。

（2）选中图片，单击【插入】按钮，完成操作。

（3）调整图片大小和位置，设置图片边框、效果、版式等样式。

≫ 8.6.2 添加音频和视频

1. 添加音频

（1）单击【插入】选项卡→【媒体】面板→【音频】下拉按钮，在弹出的下拉列表中选择【PC 上的音频】（插入设备上的音频）

或【录制音频】（使用设备录制音频）选项。

（2）以录制音频为例，在弹出的【录音】对话框中单击【●】按钮开始录制，录制结束时单击【■】按钮，在【名称】文本框中输入音频名称，单击【确定】按钮，完成操作。

（3）录制完成后，在界面中弹出图标，拖动虚线框可以调整图标大小；在播放 PowerPoint 时，单击播放键即可播放音频。

2. 插入视频

（1）单击【插入】选项卡→【媒体】面板→【视频】下拉按钮，在弹出的下拉列表中选择插入的视频类型。

（2）以插入联机视频为例，在弹出的对话框中输入 URL，单击【插入】按钮，完成操作。统一资源定位符（Uniform Resource Locator，URL）是因特网上标准资源的地址，用于指示资源的位置及访问它的协议。

≫ 8.6.3 设置素材的动画效果

（1）在演示文稿中插入素材，此处以图片素材为例。

（2）选中素材，单击【动画】选项卡→【高级动画】面板→【添加动画】下拉按钮，在弹出的下拉列表中选择特效进行添加，进入特效、强调特效、退出特效和动作路径可以同时添加。

（3）单击【效果选项】下拉按钮，在弹出的下拉列表中选择运动效果。

（4）设置动画的触发方式和持续时间。

（5）选中素材，单击【向前移动】或【向后移动】按钮，对多组素材的动画效果进行排序。

（6）单击【预览】按钮，观看动画效果。

▶▶ 8.6.4 设置演示文档的切换效果

切换效果位于前后两个页面之间，我们需要针对后者进行设置。

（1）选中后边的页面，单击【切换】选项卡→【切换到此幻灯片】面板效果栏右边的下拉箭头，展开切换效果并选择。

（2）单击【效果选项】下拉按钮，设置切换效果的形式。

（3）设置切换效果的触发方式和持续时间。

（4）单击【预览】按钮，观看切换效果。

▶▶ 8.6.5 设置放映方式

单击【幻灯片放映】选项卡→【设置】面板→【设置幻灯片放映】按钮，在弹出的【设置放映方式】对话框中根据需要选择放映类型，设置激光笔颜色等选项，单击【确定】按钮，完成操作，如图 8-27 所示。

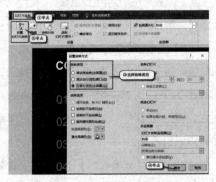

图 8-27　设置放映方式

▶▶ 8.6.6 排练演示文档的播放计时

（1）打开演示文档，单击【幻灯片放映】选项卡→【设置】面板→【排练计时】按钮。

（2）幻灯片开始放映，并弹出计时对话框。

（3）当幻灯片全部放映完毕后，在弹出的对话框中单击【是】按钮，完成操作。

（4）切换至浏览视图，可以看到页面右下角的页面所用时间。单击【视图】选项卡→【演示文稿视图】面板→【幻灯片浏览】按钮。

（5）在设置幻灯片放映方式时即可勾选【如果出现计时，则使用它】，幻灯片将按照刚才的排练时间自动放映。

8.7　使用 WPS 编辑文字

▶▶ 8.7.1 新建空白文档

（1）打开 WPS Office，单击【新建】按钮，进入创建新文档界面，如图 8-28 所示。

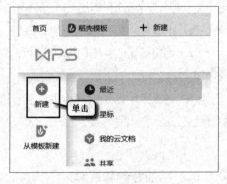

图 8-28　进入创建新文档界面

（2）该界面中包括空白文档与多种格式的模板文档，单击即可创建；在对话框中输入关键词，可以搜索更多联机文档，如图 8-29

所示。

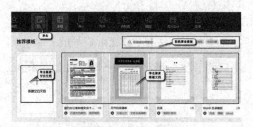

图 8-29　新建文档

》8.7.2　保存文件并选择存储位置

1．保存文件

（1）单击工具栏中的【保存】按钮，在弹出的对话框中选择存储位置，编辑文件名，单击【保存】按钮。

（2）按"Ctrl + S"组合键，也可保存文件。

2．选择文件格式

（1）选择【文件】→【另存为】命令，在弹出的对话框中选择文件格式，如图 8-30所示。

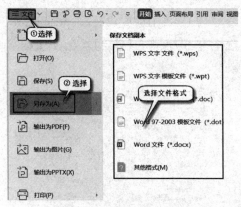

图 8-30　选择文件格式

（2）选择存储位置，编辑文件名，单击【保存】按钮，完成操作。

》8.7.3　插入素材

1．插入艺术字

（1）单击【插入】选项卡→【文本】面板→【艺术字】下拉按钮，在弹出的下拉列表中选择一种形式。除了系统预设样式之外，在稻壳艺术字中也可以找到更多样式。

（2）在弹出的文本框中输入文本内容，调整字体、字号、颜色等基本形式，并调整文本框的大小和位置。

（3）选中文本，在顶部工具栏设置文字样式。

（4）选中文本框，在右侧工具栏设置文字的形状样式。

2．插入自定义素材

单击【插入】选项卡，选择要插入的内容，包括页面、表格、插图、媒体等多项元素，用户可根据个人需求完成相应操作。

》8.7.4　查找与替换文档内容

1．查找文档内容

（1）单击【开始】选项卡→【编辑】面板→【查找替换】选项卡的下拉按钮。在展开的下拉列表中单击【查找】按钮。

（2）单击【高级搜索】按钮，展开设置菜单，在弹出界面的【搜索】模块设置搜索的基本要求。

（3）在【查找内容】文本框中输入查找内容。在【特殊格式】模块可以设置特殊内容的查找，如查找任意字母、图形等。

（4）单击【在以下范围中查找】下拉按钮，在弹出的下拉列表中选择【主文档】选项，可以在全部文档内容中进行搜索。

2. 替换文档内容

（1）单击【开始】选项卡→【编辑】面板→【查找替换】按钮。

（2）弹出【查找替换】对话框，输入需要更改的内容和待替换的内容，单击【全部替换】按钮。

≫ 8.7.5 快速编辑文档目录

（1）选中将要设置为目录中1级标题的文字，单击【引用】选项卡→【目录级别】下拉按钮，在弹出的下拉列表中选择【1级目录（1）】选项。

（2）使用同样方法设置其余级别的标题。

（3）单击【引用】选项卡，在功能区单击【目录】下拉按钮，在弹出的下拉列表中选择自动目录，如图8-31所示。

图 8-31　生成自动目录

≫ 8.7.6 统计文档字数

单击【审阅】选项卡，在弹出的功能区单击【字数统计】，在弹出的菜单中可以查看页数、字数、段落数等统计信息，如图8-32所示。

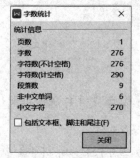

图 8-32　显示字数统计结果

≫ 8.7.7 文档的打印

首先需要确定打印机的硬件设备正常且处于开启状态，其次需要保证使用的电脑在局域网中可以搜索到打印机。

（1）单击【文件】选项卡，在弹出的界面中单击【打印】按钮。

（2）连接打印机，设置文件的打印选项，选择打印份数，单击【确定】按钮，如图8-33所示。

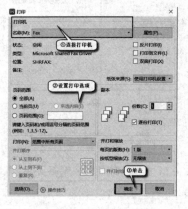

图 8-33　打印文件

8.8 使用 WPS 编辑表格

≫ 8.8.1 新建空白工作簿与模板工作簿

（1）打开 WPS Office，单击【新建】按钮，进入创建新文档界面，如图 8-34 所示。

图 8-34 进入创建新文档界面

（2）该界面中包括空白文档与多种格式的模板文档，单击即可创建。

≫ 8.8.2 保存工作簿并更改存储位置

1. 保存工作簿

（1）单击工具栏中的【保存】按钮，在弹出对话框中选择存储位置，编辑文件名，单击【保存】按钮，如图 8-35 所示。

图 8-35 保存文件

（2）按"Ctrl + S"组合键，也可保存文件。

2. 更改存储位置

（1）选择【文件】→【另存为】命令，在弹出的对话框中选择文件格式。

（2）选择存储位置，编辑文件名，单击【保存】按钮，完成操作。

≫ 8.8.3 编辑文字格式

（1）选中单元格，右击，在弹出的快捷菜单中选择【设置单元格格式】命令。

（2）弹出【单元格格式】对话框，选择【字体】选项卡，在其中设置字体、字形、字号、颜色、特殊效果等文字格式，单击【确定】按钮，完成操作，如图 8-36 所示。

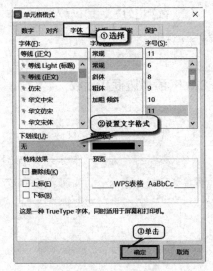

图 8-36 编辑文字格式

≫ 8.8.4 调整行高与列宽

1. 方法一

以列宽为例，行高同理。将光标移动到两列的列号中间，光标会变成一个双箭头，按住鼠标左键上下拖动，可调整上边一列的列宽，如图 8-37 所示。

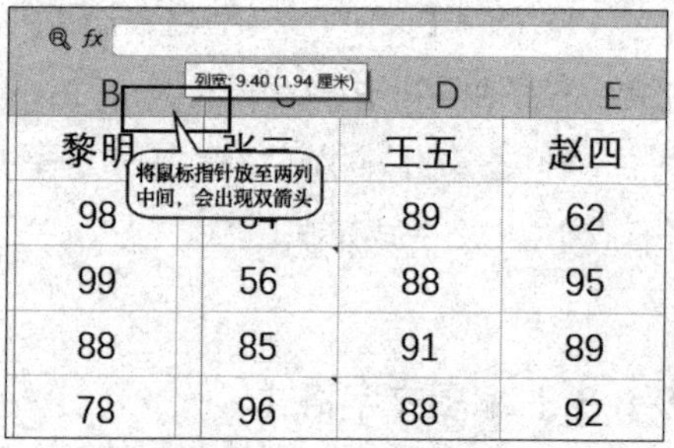

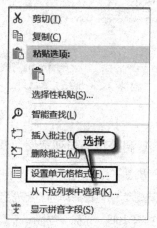

图 8-37　手动调整列宽

2. 方法二

以行高为例，列宽同理，具体步骤如下。

（1）单击行序号，选中整行。

（2）右击，在弹出的快捷菜单中选择【行高】命令。

（3）在弹出的对话框中输入数值，单击【确定】按钮，完成操作。

8.8.5　添加边框和底纹

1. 添加边框

（1）选中要添加边框的区域。

（2）右击，在弹出的快捷菜单中选择【设置单元格格式】命令，如图 8-38 所示。

图 8-38　进入设置单元格格式界面

（3）在弹出的对话框中选择【边框】选项卡，在左侧列表中选择边框样式与颜色，在预览草图上添加边框，单击【确定】按钮，完成操作。

2. 添加底纹

（1）选中要添加底纹的单元格。

（2）右击，在弹出的快捷菜单中选择【设置单元格格式】命令，如图 8-38 所示。

（3）在弹出的对话框中选择【图案】选项卡，设置图案样式、图案颜色及背景颜色，单击【确定】按钮，完成操作。

8.8.6　插入图表

（1）选中将要在图表中显示的数据。

（2）单击【插入】选项卡→【全部图表】按钮，在弹出的【插入图表】对话框中选择要插入的图表类型，单击【确定】按钮，系统自动生成图表，如图 8-39 所示。

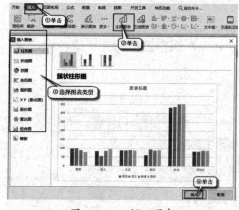

图 8-39　插入图表

（3）双击图表，在界面顶部弹出的菜单栏中更改图表样式。

（4）单击选中图表，单击【图表标题】对话框，更改标题内容，单击空白处完成操作。

（5）拖动边框，更改图表大小，将其移

动至合适的位置。

≫ 8.8.7 使用函数计算

以求和为例，具体步骤如下。

（1）选中总分下方的表格，单击【公式】选项卡→【插入函数】按钮，如图 8-40 所示。

图 8-40　单击【插入函数】按钮

（2）搜索并选中【SUM】函数，单击【确定】按钮，完成操作。

（3）框选出需要求和的数值，单击【确定】按钮，完成操作。

（4）选中求得的数值，将光标放置在单元格右下角，光标变为十字形，按住下拉，即可求得其余的和值。

≫ 8.8.8 表格数据的排序与筛选

1. 表格数据的排序

（1）选中待排序的数据，单击【开始】选项卡→【排序】下拉按钮，在打开的下拉列表中选择【自定义排序】选项，如图 8-41 所示。

图 8-41　进入操作界面

（2）在弹出的对话框中设置排序的参照列、排序依据和次序，单击【确定】按钮，完成操作。

2. 表格数据的筛选

（1）单击有内容区域的任意单元格，确定筛选范围。

（2）单击【开始】选项卡→【筛选】按钮，按所选单元格的值筛选。

（3）单击列首的下拉三角，在弹出的下拉列表中选择筛选方式，选中筛选条件，单击【确定】按钮，则其余内容将被折叠。

8.9　使用 WPS 编辑演示文稿

≫ 8.9.1 设置素材的动画效果

（1）在演示文稿中插入素材，此处以文字素材为例。

（2）选中素材，使整个文本框处于待编辑状态；单击上方菜单栏中的【动画】，在弹出的条形区域中单击心仪的特效完成选择。单击条状区域右侧的下拉三角可展开更多选择。

（3）单击上方工作栏中的【动画窗格】，在右侧弹出菜单中单击【添加效果】按钮，在弹出的界面中可对该素材再次添加进入特效、强调特效、退出特效或动作路径。

（4）在右侧【动画窗格】菜单栏中选中已添加的特效标签，可设置开始方式、移动方向和动作速度；长按选中特效标签并向上或向下拖动，可对动画效果出现的先后进行排序。

（5）单击上方工具栏中的【预览效果】按钮，观看动画效果。

▶ 8.9.2 设置演示文档的切换效果

切换效果位于前后两个页面之间，我们针对后者进行设置。

（1）选中后边的页面，单击【切换】选项卡效果栏右边的下拉箭头，展开切换效果并选择。

（2）设置切换效果的触发方式、持续时间及背景声音，如图 8-42 所示。

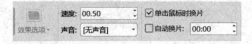

图 8-42　设置触发方式、持续时间
及背景声音

（3）单击【预览】按钮，观看切换效果。

▶ 8.9.3 设置放映方式

单击【幻灯片放映】选项卡→【设置放映方式】按钮，在弹出的【设置放映方式】对话框中根据需要调整放映类型及放映方式，设置绘图笔颜色等，单击【确定】按钮，完成操作，如图 8-43 所示。

图 8-43　设置放映方式

▶ 8.9.4 排练演示文档的播放计时

（1）打开演示文档，单击【幻灯片放映】→【排练计时】→【排练全部】按钮。

（2）幻灯片开始放映，并弹出计时对话框。

（3）当幻灯片全部放映完毕后，在弹出的对话框中单击【是】按钮，完成操作。

（4）在设置幻灯片放映方式时即可选中【如果存在排练时间，则使用它】，幻灯片将按照刚才排练的时间自动放映。

▶ 8.9.5 将 PowerPoint 转换为 PDF 格式导出

（1）选择【文件】→【输出为 PDF】命令，如图 8-44 所示。

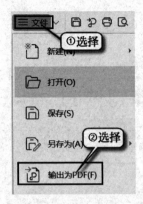

图 8-44　导出 PDF

（2）在弹出的窗口中设置文件输出范围及存储位置，单击【开始输出】按钮，导出文件，如图 8-45 所示。

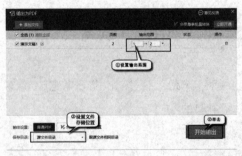

图 8-45　设置文件输出范围及存储位置

第9章
数字媒体软件的操作

在当下，互联网与电脑的普及使得人们的网络娱乐活动更为丰富，希望读者通过学习本章，能掌握常用家庭应用软件的操作方法，使得自己的生活更加精彩。

9.1 数字媒体视频软件——爱奇艺

爱奇艺是人们常用的大型视频网站之一，涵盖电影、电视剧、综艺、片花、资讯、微电影等在内的海量影视资源，可提供优良的用户体验。

» 9.1.1 爱奇艺的界面分区

为了使用方便，用户通常选择爱奇艺客户端进行观影体验。爱奇艺客户端的主界面可以分为3部分，包括搜索栏、工具栏、分类标签等，如图9-1所示。

图 9-1　爱奇艺界面分区

单击搜索栏，界面中弹出【最近搜索】和【热门搜索】菜单，在两个区域可以看到用户的历史搜索记录与当下热门搜索资源。在搜索栏中输入关键词后，单击右侧放大镜按钮，即可在全网搜索影视资源。

搜索栏旁边的柱状图按钮为【风云榜】，单击即可查看电视剧、电影、明星、综艺等各类视频的播放热度排行榜，用户可以根据个人需要进行设置。

分类标签将影视资源进行分类整理，单击某一标签，可查看该类目的影视资源；单击【更多】按钮，可以展开折叠的标签。

9.1.2 更改视频的播放设置

视频播放时，在播放窗口的右下角进行播放设置，如图9-2所示。

图 9-2　进行播放设置

如果开启杜比音效，可以实现声音方向与画面移动的同步，让用户感受到声音的方位感和现场感。

此外，还可以根据观看情况及网络环境设置倍速、清晰度、音量等。

选择小窗模式，视频将小窗播放，用户可以在其他应用界面操作的同时观看视频。

选择【设置】→【更多设置】命令，在弹出的界面中单击【播放设置】按钮，可以调整更多参数。

9.1.3 视频弹幕的发送与浏览

视频弹幕已经成为用户观看视频实时沟通交流的一个重要工具。在视频播放界面可以开启或关闭弹幕，同时可以发送弹幕交流观点。

1．开启弹幕并设置弹幕显示形式

单击视频左下角的按钮可以开启或关闭弹幕，单击旁边的【弹幕显示按钮】可以设置弹幕显示形式，通过调整弹幕的不透明度、字号、速度及显示区域可以达到更好的观看效果。

2．发送弹幕

单击【弹幕发送设置】按钮，在弹出的界面中设置文字颜色；在文本框中输入弹幕内容，单击【发送】按钮，即可发送弹幕。

3．与弹幕进行互动

将光标定位至弹幕上，屏幕中出现操作界面，可以进行弹幕的点赞、踩一脚、举报或回复等操作。

9.1.4 视频的收藏、分享及离线缓存

单击视频播放界面左侧的箭头，打开侧栏，在侧栏底部可进行视频的收藏、分享及离线缓存操作，如图9-3所示。

图 9-3　视频的收藏、分享及离线缓存

9.2 数字媒体音乐软件——网易云音乐

通过 5.4 节讲述的方法，用户可以自行下载并安装网易云音乐客户端。

≫ 9.2.1 网易云音乐的界面分区

网易云音乐主界面主要包括 3 个区域，最左侧为菜单栏，最上方的工具栏可以进行音乐搜索和系统设置等操作，最下方的播放设置区可以对播放内容进行设置，如图 9-4 所示。

图 9-4　网易云音乐界面分区

使用工具栏，可进行音乐搜索、用户登录、皮肤设置、设置迷你窗口等多项操作。

≫ 9.2.2 网易云音乐快捷键的设置

单击工具栏中的【设置】按钮，在弹出的界面中选择【快捷键】选项卡，选中某一文本框，按相应的快捷键，即可更改快捷键，如图 9-5 所示。

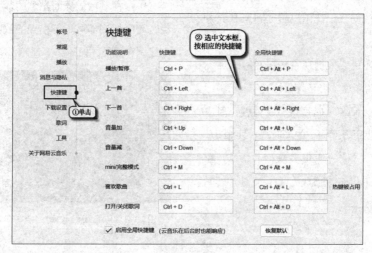

图 9-5　网易云音乐快捷键的设置

9.2.3 更改音乐的播放设置

在播放音乐时，用户可以在界面最下方的区域调整播放设置，如音量、循环模式、音质等，如图9-6所示。

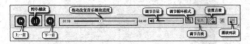

图9-6　更改音乐的播放设置

9.2.4 私人歌单的创建及音乐的收藏

如果遇到喜欢的音乐，我们通常会将音乐收藏到私人歌单里，便于下次欣赏。

单击菜单栏中【创建的歌单】标签上的【＋】按钮，在弹出的界面中设置歌单名称。可根据个人需要设置隐私歌单，隐私歌单只有个人直接可见，最后单击【创建】按钮，如图9-7所示。

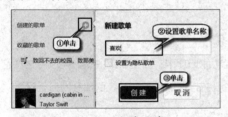

图9-7　新建歌单

当遇到喜欢的音乐时，可右击列表，在弹出的快捷菜单中选择【收藏到歌单】命令，在弹出的界面中选择喜欢的歌单。

9.2.5 桌面歌词的设置

（1）单击工具栏的【设置】按钮，如图9-8所示。

图9-8　进入设置界面

（2）选择【歌词】选项卡，首先在【类型】模块选中【桌面歌词】，然后在下方进行显示类型、配色方案、字号等设置，设置效果可以在最下方【预览】模块查看。

9.2.6 音乐热评的发表与浏览

（1）单击网易云音乐主界面左下角图标，展开音乐详情页，如图9-9所示。

图9-9　展开音乐详情页

（2）下拉音乐详情页，找到【听友评论】模块，即可浏览听友的精彩评论。在评论的右下角还可以进行点赞、分享与回复等操作与听友互动。

（3）单击【听友评论】模块最上方的文本框，在弹出的界面中输入评论内容，单击【评论】按钮，即可发表评论。

9.2.7 使用移动设备客户端听歌识曲

目前电脑端的网易云音乐没有"听歌识曲"功能，用户可使用移动设备客户端代替。

（1）打开客户端，单击界面右上角的三条横线图标。

（2）将手机移近播放源，并尽量减少周围噪音，单击【听歌识曲】按钮，如图9-10所示。

图 9-10　听歌识曲

（3）在"听歌识曲"功能中新增"哼唱识别"，无须歌词即可识别用户对歌曲的哼唱，在识曲界面的右上角可以查看识曲历史记录。

9.3　使用迅捷音频转换器制作音频

用户可以通过 5.4 节讲述的方法，自行下载并安装迅捷音频转换器客户端。

》9.3.1　认识与操作迅捷音频转换器界面与分区

迅捷音频转换器界面左上角为菜单栏，显示放置功能选项卡；左侧中部的矩形区域为文件存放区；右下角为音频播放区，音频提取与剪切操作主要在该区域进行；其余两部分则用于设置文件的输出格式与存储位置，如图 9-11 所示。

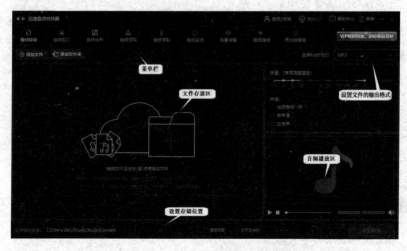

图 9-11　迅捷音频转换器主界面

》9.3.2 添加文件及文件夹

方法一：单击【添加文件】或【添加文件夹】按钮，在弹出的界面中选择目标音频，单击【打开】按钮，导入文件，如图9-12所示。

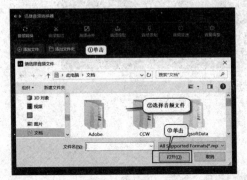

图 9-12　导入文件

方法二：直接将文件拖拽至文件的存放区。

》9.3.3 剪切与分割音频

选择【音频剪切】选项卡，跳转至操作界面。添加待操作音频文件，在右侧编辑区处理文件。

1.手动分割

（1）选择【手动分割】选项卡，移动进度条上的滑块，截取音乐片段；也可在【当前片段范围】方框中设置始末时间点。

（2）单击【确认并添加到输出列表】按钮，单击【剪切】按钮，完成操作；如果分割错误，则单击【移除】按钮，删除片段。

2.平均分割

（1）单击【平均分割】按钮，音频就会根据时长分割成若干段，设置分割片段数量。

（2）单击【确认并添加到输出列表】钮

截取片段，单击【剪切】按钮，完成操作。

3.按时间分割

（1）单击【按时间分割】按钮，设置片段时间长度，在下拉菜单中输入想要截取的时间长度。

（2）单击【确认并添加到输出列表】按钮，导出到列表，单击【剪切】按钮。

》9.3.4 合并音频

（1）单击【音频合并】按钮，导入音频文件。

（2）单击【上移】或【下移】按钮，调整音频的前后顺序，该顺序即为合成音频中各片段的顺序。

（3）单击【编辑】按钮，截取音频片段，然后设置文件保存位置，单击【开始合并】按钮，合成音频，如图9-13所示。

图 9-13　合并音频

》9.3.5 从视频文件提取音频

（1）单击【音频提取】按钮，导入待提取音频的视频文件，调整滑块位置，截取想要提取音频的片段。

（2）单击【确认并添加到输出列表】按钮，导出至列表。

（3）设置文件保存位置，单击【全部提取】按钮，完成操作，如图9-14所示。

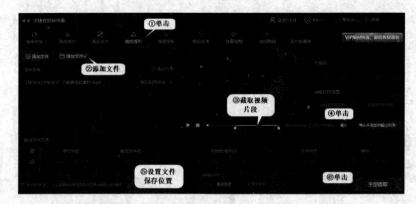

图 9-14　提取音频

>> 9.3.6 转换音频格式及音频声道

（1）单击【音频转换】按钮，导入需要转换格式的音频文件。

（2）选择输出格式、音频质量及声道，单击【全部转换】按钮，完成操作，如图 9-15 所示。

图 9-15　转换音频格式及音频声道

9.4 使用爱剪辑制作视频

通过 5.4 节讲述的方法，用户可以自行下载并安装爱剪辑客户端。

>> 9.4.1 认识与操作爱剪辑的界面与分区

爱剪辑主界面的常用区域为 3 部分，上方区域为菜单栏，显示功能选项卡，单击可跳转至新界面进行具体操作；正中间的矩形区域为功能设置区，用于调整参数或添加特效；右侧为播放区，用于进行音视频文件编辑效果的试听，如图9-16所示。

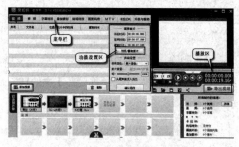

图9-16　爱剪辑主界面

≫ 9.4.2　添加及剪裁视频

1．添加视频

（1）选择【视频】选项卡，单击【添加视频】按钮。

（2）在弹出的界面中选择目标视频，拖拽至【已添加片段】区域，如图9-17所示。

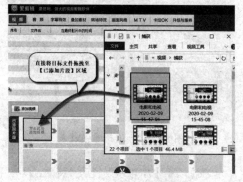

图9-17　拖拽法添加视频

2．剪裁视频

（1）单击播放区进度条下的下拉箭头，展开时间轴，单击右侧的【＋】按钮放大时间轴，单击【－】按钮缩小时间轴。

（2）移动滑块截取视频，单击【确定】按钮，保存更改。

剪裁视频常用快捷键如下：上下方向键，可用于逐帧选取画面；左右方向键，可以进行0.04秒的左右移动选取画面。

≫ 9.4.3　添加字幕

1．设置字幕内容

（1）单击【字幕特效】按钮，调整进度条上的滑块到要添加字幕的时间点，双击屏幕，弹出预览框。

（2）在弹出的【输入文字】文本框中输入字幕内容，单击【顺便配上音效】按钮，插入音效，单击【确认】按钮，完成操作。

2．给字幕添加特效

单击要添加特效的字幕，在【字幕特效】界面的左上角选择【出现特效】【停留特效】或【消失特效】，勾选特效即可应用，再次单击即可取消应用。

3．设置字幕字体、颜色、阴影等样式效果

选择【字体设置】选项卡，可以设置字幕的字体、大小、排列方式、字幕颜色、对齐方式等。

4．设置字幕特效的持续时长和速度

选择【特效参数】选项卡，设置字幕的特效时长、特效速度。

5．修改字幕的出现时间

单击选中字幕，使其处于可编辑状态后，按"Ctrl+X"组合键，剪切字幕，调整进度条上的滑块到正确的时间点，按"Ctrl+V"组合键，粘贴字幕。

≫ 9.4.4 在视频中叠加素材

1. 为视频添加图片或水印

（1）单击【叠加素材】按钮，在弹出的界面中选择【加贴图】选项卡。

（2）调整播放区进度条上的滑块到要添加贴图的时间点。

（3）单击【添加贴图】按钮；在弹出的界面中选择素材，既可以使用系统素材，也可以使用自定义素材；单击【顺便配上音效】按钮，为贴图配上音效。

2. 设置贴图格式

（1）添加贴图后返回主界面，贴图已处于带方框的可编辑状态，拖动方框的顶点或边上的小圆点，改变贴图的大小、方向。单击右上角的【删除】按钮，可以删除贴图。

（2）选择【加贴图】选项卡，勾选要添加的特效。

（3）在【贴图设置】菜单区域进行更详细的设置。

≫ 9.4.5 设置转场特效

1. 添加转场特效

当在两个视频片段之间添加转场特效时，只需选中后者应用转场特效即可。

（1）单击【转场特效】按钮，在弹出的【已添加片段】列表中选中后者视频。

（2）在【转场特效】菜单中设置转场特效。

（3）单击【转场设置】中的【转场特效时长】按钮，设置持续时长，单击【应用/修改】按钮，完成操作。

2. 修改转场特效

（1）单击选中【已添加片段】中要修改的视频片段。

（2）单击【转场特效】按钮，在列表中双击特效进行更改，单击【应用/修改】按钮完成操作。

3. 删除设置好的转场特效

（1）单击选中【已添加片段】中的目标视频。

（2）单击【转场特效】按钮，再单击【转场设置】底部的【删除转场】按钮。

≫ 9.4.6 添加滤镜及动景特效

单击【画面风格】按钮，在底部【已添加片段】列表中选择目标视频片段。在【时间设置】中修改风格时间段。在左侧菜单栏选择【滤镜】选项卡，设置滤镜效果，如图9-18所示。

图9-18　选择滤镜效果

在【动景】中可以设置动景特效，操作方法与添加滤镜相似，在此不加赘述。

9.5 系统工具绘制静态图形——画图

▶ 9.5.1 打开画图的方式

（1）右击桌面任务栏，在弹出的快捷菜单中选择【搜索】→【显示搜索框】命令。

（2）在搜索框中输入"画图"，按"Enter"键打开应用，如图 9-19 所示。

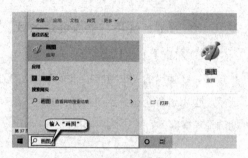

图 9-19　打开画图

▶ 9.5.2 认识画图的基础界面与分区

画图的主界面可大致分为快速访问工具栏、画图区域和功能区 3 部分，如图 9-20 所示。

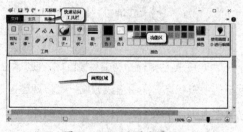

图 9-20　画图主界面

1．快速访问工具栏

在快速访问工具栏左侧区域可进行文件的编辑处理，包括新建、保存、打印及分享等多项操作；右侧显示历史文件。

选择【主页】选项卡，可展开其功能区；【查看】选项卡则用于设置标尺、网格线等工具，辅助图像的审阅。

2．功能区

功能区服务于用户的绘制操作，包含笔刷、橡皮等基本绘制工具，以及粘贴、选择、旋转等基本操作工具。

▶ 9.5.3 选择绘笔类型

功能区有铅笔、橡皮和 9 种笔刷设置，如图 9-21 所示。

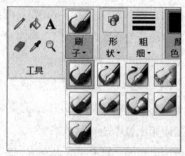

图 9-21　绘笔类型

不同的笔刷呈现不同的绘画效果，如图 9-22 所示。

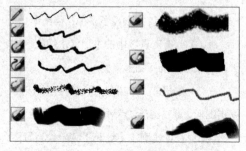

图 9-22　不同笔刷的绘画效果

≫ 9.5.4 颜色的选择及自定义

1. 选择颜色

画图程序系统中预设了多种颜色，用户可从列表中直接选取。在色彩列表的左侧标记有【颜色1】和【颜色2】。通常情况下，边框由【颜色1】控制；【颜色2】与橡皮一起使用，也常用于形状填充，可通俗地理解为画布底层的颜色。

选择【颜色1】，单击颜色列表的色块选中颜色，【颜色1】变为相同色彩即为设置成功。

2. 自定义颜色

（1）单击【编辑颜色】按钮，弹出调色界面。

（2）上下移动十字形标签，调整饱和度；左右移动，调整色调；上下移动最右侧小三角，调整颜色的亮度。也可以直接在对应参数的文本框中填写目标颜色的指数。

（3）选定颜色后，单击【添加到自定义颜色】按钮，再单击【确定】按钮，完成操作。

3. 应用图像中出现的色彩

单击取色器，对准想要吸取的颜色并单击，画笔颜色就变为对应颜色。

≫ 9.5.5 快速操作图形的绘制与填充

画图程序系统中预设了多种几何图形。

（1）单击工具区中的【形状】按钮，在弹出的菜单中选择图形模板。

（2）在画布上单击定点，按住鼠标左键拖出图形，调整图形的大小，如图9-23所示。

（3）在【轮廓】【填充】菜单处设置图形样式。

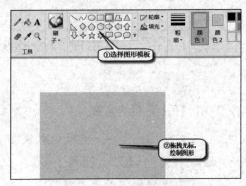

图9-23 绘制与编辑图形

≫ 9.5.6 剪裁、旋转、缩放选定区域

（1）单击【主页】选项卡→【选择】下拉按钮，在弹出的下拉列表中选择选择框的形状，也可进行全选、反向选择、删除、透明选择等操作，如图9-24所示。

图9-24 "选择"下拉列表

（2）拖动鼠标，选中目标区域，使其处于待编辑状态。拖动虚线方框，可以调整区域的大小；单击【重新调整大小】按钮，可以更改数值，调整数值的大小和倾斜度。

特别注意，为了使选中区域被移走后底层颜色与画布同色，应预先将【颜色2】设置为画布颜色。此时，应将【颜色2】设置为黄色。

9.6 系统工具处理图像——照片

9.6.1 打开照片的方式

（1）右击桌面任务栏，在弹出的快捷菜单中选择【搜索】→【显示搜索框】命令。

（2）在搜索框中输入"照片"，按"Enter"键打开应用，如图9-25所示。

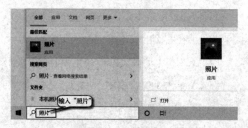

图9-25　打开照片

9.6.2 认识照片基础界面与分区

照片程序处理文件主要分为图片和视频两部分，其主界面的上方是菜单栏与工具栏，菜单栏按照【相册】【人物】【文件夹】对图片进行分类；下方则为文件列表，如图9-26所示。

图9-26　照片主界面

9.6.3 图片的旋转与剪裁

（1）单击工具栏中的【编辑】→【裁剪和旋转】按钮，弹出操作界面。

（2）拖动矩形操作框的4个顶点，或通过右侧的【纵横比】裁剪图像。

单击【旋转】按钮，图像每次顺时针旋转90°；单击【翻转】按钮，图片每次顺时针旋转180°。

单击【保存副本】按钮，保留原图像的同时保存更改过的图片；单击【保存】按钮，只保存更改后的图像，如图9-27所示。

图9-27　图片的旋转与裁剪

9.6.4 添加滤镜并调整图像参数

1. 添加滤镜

（1）在图片编辑界面单击【滤镜】选项卡，从右侧的16种滤镜选择一种。

（2）若操作失误，则单击界面顶部左箭头撤销上一步操作，单击右箭头恢复上一步操作。

（3）单击【保存】或【保存副本】按钮，如图9-28所示。

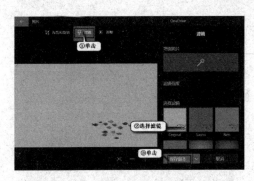

图 9-28　添加滤镜

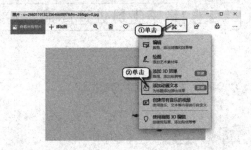

【添加动画文本】选项，如图 9-29 所示。

图 9-29　单击"添加动画文本"选项

2. 调整图像参数

（1）单击【调整】选项卡，拖动编辑栏选项下的滑块，调整图像的清晰度、晕影等参数。

（2）【红眼】与【斑点祛除】常用于解决人像问题。当拍照时，瞳孔会适应闪光灯自动放大，让更多的光线通过，视网膜的血管就会在照片上产生泛红现象，而照片应用配置的【红眼】可以减轻该状况。

≫ 9.6.5　添加动态文本效果

单击主界面上【通过此照片获取创意】→

1. 添加文本

（1）在进度条上定位要插入文本的时刻。

（2）在右侧的文本框中输入文本。

（3）调整【动画文本样式】和【布局】。

（4）单击【保存副本】按钮，选择【视频质量】，完成操作。

2. 设置动态特效

（1）单击【动作】按钮，进入操作界面。

（2）预览图片的显示效果，选择动作样式。

（3）单击【保存副本】按钮，选择【视频质量】，完成操作。

9.7　专题分享——使用美图秀秀编辑图像

用户可以通过 5.4 节讲述的方法，自行下载并安装美图秀秀客户端。

≫ 9.7.1　认识美图秀秀的界面与分区

美图秀秀的主界面主要包括"菜单栏"和"工具箱"两部分，在"菜单栏"可以进行"美化图片""人像美容""文字水印""贴纸饰品"等基础操作，"工具箱"则用于控制"照片修复""高清人像"等高级操作，如图 9-30 所示。

图 9-30　美图秀秀主界面

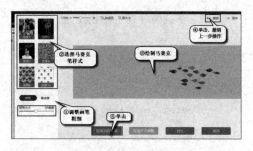

图 9-31　使用马赛克涂鸦

单击菜单栏中的选项卡,可以跳转界面。以"美化图片"功能为例,界面上方工具栏用于设置图片的尺寸、方向等;界面最左侧的选项用于修改图片的参数并对图片进行涂鸦等;界面右侧是滤镜区,单击各相关选项可实现效果预览,单击【确认】按钮,完成操作。

9.7.2　给图片添加马赛克

(1)选择【美化图片】→【各种画笔】→【局部马赛克】。

(2)单击【画笔】,在弹出的【画笔大小】工作区拖动滑块调整画笔的粗细,以像素计量。

(3)单击效果图标选中样式,在图片上绘制马赛克。

(4)当涂鸦失误时,单击【橡皮擦】按钮,调整橡皮擦大小,擦去错误部分;或者单击右上角的【撤销】按钮。

(5)单击【应用当前效果】按钮,保存涂鸦,如图9-31所示。

9.7.3　人像美容

(1)选择【人像美容】选项卡,进入操作界面。

(2)单击右侧效果图标,可进行一键操作。

(3)左侧列表可进行面部重塑、皮肤调整、头部调整等多项操作,单击选项卡选择功能,根据界面左上角的动态提示完成操作,单击【应用当前效果】按钮,如图9-32所示。

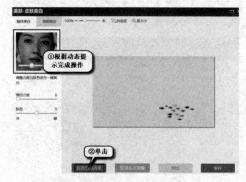

图 9-32　系统自带动态提示

9.7.4　给图片添加贴纸饰品

(1)单击贴纸饰品选项卡,进入操作界面。

(2)单击左侧列表选项卡,选择贴纸类型。

（3）在右侧列表中单击贴纸图标进行添加。

（4）拖动贴纸调整位置，拖动编辑框顶点调整贴纸大小。

（5）在弹出的素材编辑框调整贴纸的角度和透明度，如图9-33所示。

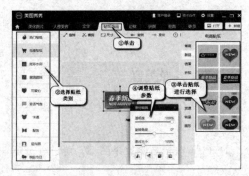

图9-33　添加贴纸

>> 9.7.5　自动及手动抠图

（1）单击【抠图】选项卡，进入操作界面，如图9-34所示。

图9-34　进入抠图界面

（2）选择【自动抠图】【手动抠图】【形状抠图】或【AI人像抠图】等中的一种，根据界面动态提示完成操作，如图9-35所示。

图9-35　抠图

>> 9.7.6　制作闪图

1. 制作自定义闪图

（1）选择【更多】→【动态图片】，进入操作界面。

（2）单击【自定义闪图】按钮，进入编辑界面。单击【添加多张照片】按钮，补充闪图中包含的图片。

（3）单击列表，在弹出的界面中设置组成闪图的元素的方向和大小。

（4）单击【效果预览】按钮，查看图片的完成效果。单击【保存本地】按钮，完成操作。

2. 制作动感闪图

（1）选择【更多】→【动态图片】，进入操作界面。

（2）单击【动感闪图】按钮，进入编辑界面。

（3）在右侧列表中选择模板样式，单击效果图标以应用。

（4）删改左侧列表中的图片素材。完成删改后，单击素材，在弹出的界面中设置组成闪图的元素的大小和方向。

（5）拖动滑块，调节闪图中的素材替换速度；单击【修改闪图大小】按钮，设置闪图的大小。

（6）单击【效果预览】按钮，查看图片的完成效果，单击【保存本地】按钮，完成操作，如图9-36所示。

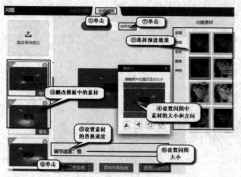

图 9-36　制作动感闪图

第 10 章
电脑组网与网络应用

当前我们生活在一个网络的时代，智能互联网无时无刻不在影响和改变着我们的生活，所以熟悉互联网组网与网络应用的相关知识是非常有必要的。

10.1 认识和连接互联网

》10.1.1 互联网概述

互联网又称国际网络，是连接网络的网络。互联网中有交换机、路由器等网络设备，有各种不同的连接链路、种类繁多的服务器以及数不尽的电脑和终端。

随着网络带宽的不断增加，使用互联网可以将信息瞬间发送到千里之外的人手中。对于互联网的使用，人们一般称之为"上网""冲浪""浏览""漫游"，其不受空间限制进行信息交换，交换信息具有互动性，使用成本低，发展趋向于个性化，是信息社会的基础，让现代人的生活变得更加便捷，如网上银行、网上购物、电子阅读、汽车导航等。互联网已经与人们的生活密不可分。

》10.1.2 QQ 浏览器

QQ 浏览器是腾讯公司开发的一款极速浏览器，它作为目前主流的浏览器之一，支持不同系统的电脑、手机等。在 QQ 浏览器官网找到 PC 版安装包的下载位置，点击"立即下载"。下载成功后点击"打开"→"立即安装"后即可使用。

1. 启动 QQ 浏览器

在桌面找到 QQ 浏览器快捷方式图标，双击即可打开 QQ 浏览器；或者单击桌面左下角的【开始】→【最近添加】也可以打开 QQ 浏览器。

2. QQ 浏览器的界面分区

QQ 浏览器的界面主要包括地址栏、工具栏、搜索框、导航区、页面内容区，如图 10-1 所示。

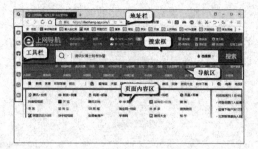

图 10-1　QQ 浏览器的界面分区

》10.1.3 谷歌浏览器

国内的众多浏览器基本上是在微软浏览器内核上编写的外壳，而谷歌浏览器拥有独立的内核。

1. 安装谷歌浏览器

（1）在 Microsoft Edge 浏览器中搜索"谷歌浏览器官网"，单击【Google Chrome 网络浏览器】超链接，进入词条。

（2）单击【下载 Chrome】按钮，下载谷歌浏览器。

（3）根据程序引导安装谷歌浏览器。

2. 优化谷歌浏览器

（1）单击谷歌浏览器右上角的【：】按钮，选择【设置】选项，如图 10-2 所示。

图 10-2　进入谷歌浏览器设置界面

（2）选择【搜索引擎】选项卡，将搜索引擎更换至其他，如百度、搜狗等。同时，在界面下方勾选启动时【打开特定网页或一组网页】，这样打开谷歌浏览器就能正常使用，并且主界面不再是一片空白。

（3）设置完成后直接重启浏览器，设置即可生效。

》10.1.4　360 安全浏览器

360 安全浏览器已升级至 Chromium 78 内核，支持 HTTP/2 标准和 JavaScript ES6 标准，极大地提高了用户的访问速度。

1. 下载安装 360 安全浏览器

（1）在 Micorosoft Edge 浏览器中搜索"360 浏览器官网"，单击词条进入网站。

（2）单击【立即体验】按钮。

（3）设置安装位置，安装浏览器。

2. 360 安全浏览器的界面分区

360 安全浏览器的界面如图 10-3 所示，主要包括标签栏、工具栏、界面浏览区和 360 小程序 4 个部分。

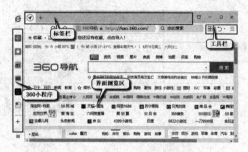

图 10-3　360 浏览器的界面分区

》10.1.5　其他浏览器

（1）Safari 浏览器：由苹果公司开发，应用于苹果产品各类系统中，它一般预装在苹果操作系统中。

（2）火狐浏览器：发布于 2002 年，是一个开源浏览器，由 Mozilla 资金会和开源开发者一起开发，集成了很多小插件，拓展了很多功能。

（3）搜狗浏览器：首款给网络加速的浏览器，可明显提升公网教育网互访速度 2 ~ 5 倍，通过业界首创的防假死技术，使浏览器运行快捷流畅且不卡不死，具有自动网络收藏夹、独立播放网页视频、Flash 游戏提取操作等多项特色功能，并且兼容大部分用户使用习惯，支持多标签浏览、鼠标手势、隐私保护、广告过滤等主流功能。

10.2　连接互联网

》10.2.1　通过公司或学校固定 IP 上网

IP 地址（Internet Protocol Address 互联网协议地址）是一种在因特网上给主机编址的方式。它是 IP 协议提供的一种统一的地址格式，为互联网上的每一个网络和每一台主机分配一个逻辑地址，以此来屏蔽物理地址的差异。

IP 地址被用来给因特网上的电脑编号，且该编号要求必须是唯一的。每台联网的电脑都需要有 IP 地址，才能正常通信。通俗地说，如果把个人电脑比作一台电话，那么 IP 地址就相当于电话号码。

通过公司或学校固定 IP 上网的操作步骤如下。

（1）进入控制面板，单击【查看网络状态和任务】超链接，如图 10-4 所示。

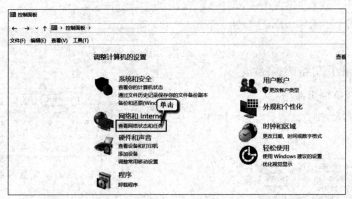

图 10-4　单击【查看网络状态和任务】超链接

（2）打开【网络和共享中心】窗口，单击【更改适配器设置】超链接。

（3）打开【网络连接】窗口，右击【以太网】，在弹出的快捷菜单中选择【属性】命令，弹出【以太网 属性】对话框，选中【Internet 协议版本 4（TCP/IPv4）】复选框，单击【属性】按钮。

（4）弹出【Internet 协议版本 4（TCP/IPv4）属性】对话框选中【使用下面的 IP 地址】单选按钮，输入分配的地址、子网掩码和默认网关，单击【确定】按钮，保存更改。

（5）完成设置，此时即可打开浏览器进行上网。

≫ 10.2.2 通过 ADSL 宽带上网

ADSL（Asymmetric Digital Subscriber Line，非对称数字用户线路）是一种异步传输模式，在用户需要使用一个 ADSL 终端来连接电话线路。由于 ADSL 使用高频信号，因此还需要在两端使用 ADSL 信号分离器将 ADSL 数据信号和普通音频电话信号分离出来，从而避免了打电话时出现噪声干扰。虽然 ADSL 使用的还是原来的电话线，但 ADSL 传输的数据并不通过电话交换机，所以 ADSL 上网不需要缴付额外的电话费。

通过 ADSL 宽带上网所需设备：外置网卡、信号分离器、网线、调制解调器(Modem)。

通过 ADSL 宽带上网操作步骤如下。

1. 硬件配置

（1）安装信号分离器。信号分离器可以分离电话信号中的高频数字信号和低频语音信号。安装信号分离器时，先将来自电信局端的电话线接入信号分离器的输入端；然后用一根电话线的一端连接信号分离器的语音信号输出口，另一端连接电话机。

（2）用另一根电话线将来自信号分离器的高频信号接入 ADSL Modem 的 ADSL 插孔；再用一根五类双绞线的一端连接 ADSL Modem 的插孔，另一端连接电脑网卡中的网

线插孔。这时打开电脑和 ADSL Modem 的电源后，如果两边连接网线的插孔所对应的 LED 都亮了，那么 ADSL Modem 与网卡即连接成功，如图 10-5 所示。

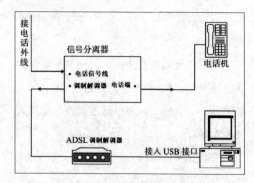

图 10-5　连接 ADSL Modem 与网卡

2. 软件配置

（1）打开控制面板，单击【网络和 Internet】→【查看网络状态和任务】超链接，打开【网络和共享中心】窗口。

（2）单击【设置新的连接或网络】超链接，在弹出的【选择一个连接选项】中选择【连接到 Internet】，单击【下一步】按钮。

（3）在弹出的界面中选中【显示此计算机未设置使用的连接选项】，单击【宽带（PPPoE）】按钮。

（4）在弹出的界面中输入用户名和密码，单击【连接】按钮，完成配置。

（5）完成配置后，用户只需单击任务栏右下角的网络按钮，选择宽带网并连接，连通后即可上网。

≫ 10.2.3 通过光纤宽带上网

光纤使用光脉冲传输信号，是宽带网络中多种传输媒介中最理想的一种，具有传输

容量大、传输质量好、损耗小、中继距离长等特点。光纤宽带是把要传送的数据由电信号转换为光信号进行通信。在光纤的两端分别都装有光猫，以进行信号转换。

通过光纤宽带上网所需设备：光猫、网线、光纤线。

要使用光纤宽带上网，首先需要确保业务正常开通，然后将光纤口接入光猫上的光纤专用口，光猫的网线口通过网线与电脑直接相连即可。

光纤宽带的上网方法与 ADSL 宽带的上网方法相似，在此不再赘述。

≫ 10.2.4 通过有线电视宽带上网

有线电视宽带上网能够快速地传递大量影像、声音、数据等，因此除了浏览网站之外，还可以使用双向的交互式服务。随着未来技术开发成熟，有线电视宽带网络的应用层面将比今日所能想象的更加广泛。

电脑和有线电视网需要一种特殊的调制解调器进行连接，这种调制解调器叫作 Cable Modem。凡是在广播电视中心登记并安装了有线电视接口的用户，只要再安装一台 Cable Modem，并准备好电脑和网卡，就可通过有线电视网上网。Cable Modem 有一个单独的有线电视接入端口，即上网和收看电视使用的是两种不同的传输信道，因此只要不浏览网页或者从网上查询资料，信息流量就不会增加。

Cable Modem 的连接很简单，首先将射频线接头与 Cable Modem 的有线接口相连；然后将网线的一端插入电脑网卡的接口，另一端插入 Cable Modem 的网络接口（对于提供 USB 接口的 Cable Modem，则可将 USB 数据线的一端插入电脑的 USB 接口，另一端插入 Cable Modem 的 USB 接口）；最后，连接好电源，完成 Cable Modem 与电脑的物理连接，如图 10-6 所示。

图 10-6　接线 Cable Modem 与电脑

有线电视网是一种"始终在线"的接入方式，Cable Modem 与因特网始终保持连接，这需要电脑有一个固定的 IP 地址。Cable Modem 与有线电视网连接好后，还必须对与 Cable Modem 连接的网卡进行网络参数的设置，给网卡分配一个固定的 IP 地址，同时设置好 DNS 参数。其详细操作与通过固定 IP 上网一致，这里不再赘述。

≫ 10.2.5 家庭电脑、手机以及平板电脑的无线上网联网技巧

通过配置宽带网和无线路由器等设备，家庭电脑、手机以及平板电脑等设备只要配置好无线网卡或无线连接设备，即可实现无线上网，具体方法如下。

（1）使用 ADSL 宽带上网时，将电话线连接到 ADSL Modem 并用网线连接 ADSL Modem 的 LAN 端口与无线宽带路由器的 WAN 端口；使用光纤宽带上网时，需要将光纤接入 Modem，并用一根网线连接 Modem

和无线路由器的 WAN 口，最后全部接上电源即可。

（2）将一台电脑用网线连接至路由器的 LAN 端口，在电脑浏览器中搜索宽带说明书中的管理地址（不同的路由器地址不一样，市场上购买的路由器一般是普联的，即 TP-LINK，此种路由器只需输入 192.168.1.1 即可），并打开窗口。

（3）在界面中输入用户名及密码（通常用户名和密码默认为 admin），单击【确定】按钮，进行下一步操作。

（4）打开管理界面，选择【设置向导】，选择【PPPoE（ADSL 虚拟拨号）】方式，在【上网账号】文本框中填写运营商分配的宽带账号，在【上网口令】文本框中填写宽带密码。

（5）在【SSID】文本框中设置无线网络名称，并设置无线网络密码，完成操作。

（6）设置好路由器后，打开其他设备，在网络连接中搜索无线信号的名称并连接使用即可。

10.3 组建局域网

》 10.3.1 组建局域网的硬件准备

1. 组建无线局域网的硬件准备

（1）无线路由器。无线路由器被用于用户上网，是带有无线覆盖功能的路由器，支持有线与无线组网。在家庭上网时，其功能可以看作一个转发器，将家中墙上接出的宽带网络信号通过天线转发给附近的无线网络设备，如手机、平板电脑及笔记本电脑等。

常见的无线路由器一般有一个 WAN 口，该接口通常为 RJ-45 类型，一般用蓝色标记，用于实现和上行设备连接；通常与运营商的网络总进户线连接；其余 2～4 个口为 LAN 口，用来连接家庭内部的普通局域网；内部有一个网络交换机芯片，专门处理 LAN 接口之间的信息交换。

（2）无线网卡。无线网卡又名无线网络适配器，是使用无线电波为传输媒介的网卡，它是一个信号收发设备。目前市场上大多数笔记本电脑内置有无线网卡，外接的无线网卡常见有 PCI、PCMICA 和 USB 接口 3 种类型。

（3）网线。网线是连接局域网必不可少的设备，主要用于在网络内传递信息。在局域网中常见的网线主要有双绞线、同轴电缆、光缆 3 种。

2. 组建有线局域网的硬件准备

（1）交换机。交换机也称交换式集线器，其主要功能包括物理编址、网络拓扑结构、错误校验、帧序列及流控，同时还支持对链路汇聚的支持，甚至有的还具有防火墙等功能，可以有效地隔离广播风暴，减少误包和错包的出现，避免共享冲突。

（2）路由器。组建有线局域网时，既可以使用无线路由器，也可以使用有线路由器。

》 10.3.2 组建有线局域网

（1）首先将外接网线连接至路由器的 WAN 口中；然后取另一根网线将其一端插到电脑的 WAN 口，另一端连接路由器的 LAN 口；最后为路由器连接电源线并开启路由器，如图 10-7 所示。

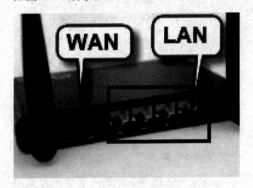

图 10-7　路由器插口

（2）在电脑浏览器的地址栏中输入宽带说明书中的管理地址，并打开窗口。

（3）在界面中输入用户名及密码（通常用户名和密码默认为 admin），单击【确定】按钮，进行下一步操作。

（4）打开管理界面，选择【设置向导】，选择【PPPoE（ADSL 虚拟拨号）】方式，在【上网账号】文本框中填写运营商分配的宽带账号，在【上网口令】文本框中填写宽带密码，单击【下一步】按钮，完成路由器基本配置。

（5）进入控制面板，单击【查看网络状态和任务】超链接。

（6）打开【网络和共享中心】窗口，单击【更改适配器设置】超链接，打开【网络连接】窗口。

（7）右击【本地连接】，在弹出的快捷菜单中选择【属性】命令弹出【本地连接 属性】对话框，选中【Internet 协议版本 4（TCP/IPv4）】复选框，单击【属性】按钮。

（8）在弹出的对话框中选中【自动获得 IP 地址】单选按钮，单击【确定】按钮保存更改。

》10.3.3　组建无线局域网

（1）连接 ADSL Modem 和路由器，取一根网线，将一端连接 ADSL Modem 的 LAN 插孔，另一端连接路由器的 WAN 插孔；再取一根网线，用网线一端连接路由器的任意一个 LAN 端口，另一端连接电脑卡接口；最后连接路由器的电源，完成硬件设施的配置。

（2）按照 10.2.5 节的步骤（2）—（6）完成即可。

》10.3.4　修改无线网络名称和密码

以普联路由器 TP-LINK 为例，其无线网络名称与密码修改方式如下。

（1）在地址栏输入路由器的管理地址 192.168.1.1，按"Enter"键，进入登录界面，输入管理员密码，单击【确认】按钮，完成操作。

（2）选择【无线设置】→【基本设置】，在【SSID】文本框中输入新的网络名称，保存更改，如图 10-8 所示。

图 10-8　更改网络名称

（3）单击【无线安全设置】按钮，在【PSK 密码】文本框中输入密码，保存更改。

（4）重启路由器，完成操作。

≫ 10.3.5 网速测试

以腾讯电脑管家为例，网速测试步骤如下。

（1）双击图标，打开腾讯电脑管家。

（2）单击界面左侧列表中的【工具箱】，在切换界面中选择【测试网速】，如图10-9所示。

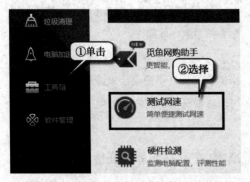

图10-9　　测试网速

（3）等待页面加载完成，软件即会显示网速测试结果。

≫ 10.3.6 局域网中的资料共享技巧

（1）右击待共享的文件夹，此处以【演示文件夹】为例，在弹出的快捷菜单中选择【属性】命令。

（2）在弹出的对话框中选择【共享】选项卡，单击【高级共享】按钮，弹出【高级共享】对话框，选中【共享此文件夹】复选框。

（3）在【共享】菜单可以查看网络路径。

（4）双击【此电脑】，在左侧列表的【网络】模块查找位于同一局域网内的其他设备。单击要访问的电脑，输入用户名和密码，即可查看此设备上的共享文件。

≫ 10.3.7 通过家庭组搭建办公室局域网

通过家庭组搭建办公室局域网的实质是利用交换机等设备将多台电脑的网卡直接连接在一起构建网络，目前家庭组已从Windows 10（版本1803）中删除。

（1）将路由器联网，将交换机连接到路由器上，再将办公电脑等设备连接到交换机，如图10-10所示。

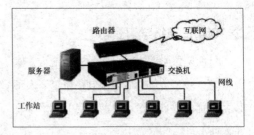

图10-10　　连接

（2）根据说明书设置路由器。

（3）打开控制面板，单击【网络和Internet】→【查看网络状态和任务】超链接，打开【网络和共享中心】窗口。

（4）单击【家庭组】超链接，在弹出的界面中选择【创建家庭组】，单击【下一步】按钮。

（5）设置各项内容是否共享，单击【下一步】按钮，生成家庭组的联网密码。

（6）在其他电脑上进行同样操作，在弹出的界面中单击【立即加入】按钮，输入联网密码，完成操作。

≫ 10.3.8 双路由器搭建办公室局域网

使用双路由器搭建办公室局域网的实质是将一台路由器用作交换机，可节约成本，充分利用已有的设备。

操作方法：将一台路由器进行正常设置，详细过程在本部分不再赘述，将另一台路由器的 LAN 接口连接电脑，WAN 接口通过网线第一个路由器的 LAN 端口相接即可。

10.4 开启网络生活

≫ 10.4.1 网络学习资源

目前网络学习方式已经越来越流行，网络学习突破了传统的时空限制，使更多人可以共享优质教育资源。目前常用的网络学习资源如下。

网易公开课：https://open.163.com。

中国大学：MOOC：https://www.icourse163.org。

中国知网：https://www.cnki.net。

≫ 10.4.2 在线轻松购票

互联网的发展使得很多线下业务将一部分服务转移到互联网上，减少了用户两地奔波的麻烦，提高了办事效率，做到了真正的便民利民。常见的购票活动包括购买车票、飞机票、电影票等。

此处以购买火车票为例，购买火车票常用的网站为"中国铁路 12306"。

（1）在浏览器中搜索"中国铁路 12306"，单击词条进入官网。

（2）使用个人信息实名制注册账号，填写完成后选中服务条款，单击【下一步】按钮。

（3）登录账号，在主界面找到查询模块，输入出行的出发地、目的地及出发日期，单击【查询】按钮，进入车次浏览界面。

（4）选择筛选信息，包括车次类型、出发车站、发车时间等，在下方列表中查看车次的详细信息，包括出发到站时间、出发到达站、车票余量等。

（5）选定车票，单击【预定】按钮，根据系统付款完成操作。

（6）如果余票多，则可以自主选择想要坐的位置。订单提交后，进入【个人中心】可以查看已完成和未完成的订单。

≫ 10.4.3 在线即时充值

线上充值的三大优点是方便、快捷、优惠。

以联通号码手机话费充值为例，具体步骤如下。

（1）在浏览器中搜索并进入营业厅，单击【手机／上网卡】，如图 10-11 所示。

图 10-11 单击【手机／上网卡】

（2）在弹出的界面中输入缴费号码、缴费金额，单击【下一步】按钮。

（3）选择付费方式，单击【确认支付】按钮。

（4）登录个人账户，输入密码，完成支付。

》10.4.4 在线便捷购物

目前中国国内的网上购物，其付款方式可分为货到付款和款到发货等。国内常用的电商平台有天猫、淘宝、拼多多、京东等。

以在京东网站购物为例，具体步骤如下。

（1）在浏览器中搜索并进入京东官网，然后注册用户账号。

（2）登录用户账号，在主界面的搜索框中输入关键词，按"Enter"键。

（3）浏览界面，选择合心意的物品，进入详情页，查看商品介绍、规格与包装、售后保障及商品评价等，如图 10-12 所示。

图 10-12   查看商品详细信息

（4）选择商品颜色、型号与数量，单击【加入购物车】或【立即购买】。

（5）详细填写收货人信息、支付方式、发票信息，核对送货清单等信息，提交订单即可。

10.5 专题分享——网络信息的搜索与下载

》10.5.1 常用的搜索引擎介绍

1．百度搜索引擎

百度搜索引擎是全球最大的中文搜索引擎，其搜索方式符合国人搜索特点，简单明了，搜索速度快，目前还提供百度云、百度文库等周边功能，具有大量的中文用户群体。

2．搜狗搜索引擎

搜狗搜索引擎是中国领先的中文搜索引擎，采用全球第三代互动式搜索引擎技术，支持微信公众号和文章搜索、知乎搜索、英文搜索及翻译等。其通过采用先进的人工智能算法，为用户提供专业精准的搜索服务，为用户创造了价值。

3．360 搜索引擎

360 搜索引擎属于元搜索引擎，其通过一个统一的用户界面帮助用户在众多搜索引擎中选择合适的搜索引擎来实现检索操作，依托于 360 母品牌的安全优势，搜索结果可全面拦截各类钓鱼欺诈等恶意网站，为用户提供更放心的搜索服务。

≫ 10.5.2 利用百度搜索引擎搜索资源

（1）打开百度界面，如图 10-13 所示。

图 10-13　百度界面

（2）在搜索框中输入关键词，单击【百度一下】按钮，即可切换到相关内容的界面。

（3）单击界面右上角菜单栏中的【设置】按钮，在下拉菜单中选择【高级搜索】选项，如图 10-14 所示。

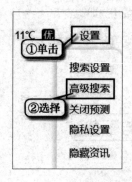

图 10-14　进入高级搜索界面

（4）进入高级搜索界面，设置搜索条件，即可限制搜索范围，提高搜索精度。

≫ 10.5.3 常用的网络资源下载方法

1．浏览器下载

通过浏览器搜索是常见的搜索方法之一，在使用浏览器下载文件时，只能从服务器上下载到本地，当网络的带宽情况较差或下载该资源人数过多时，下载速度会较慢；另外，如果文件下载中断，则需重新下载资源。

2．FTP 下载

FTP 下载是极为古老的下载方法之一，又称文件传输协议，采用客户机和服务器的工作模式，用户在使用 FTP 下载之前必须通过 FTP 服务器提供的账号和口令进行登录，登录成功后用户才可以从服务器下载文件。FTP 下载速度比较稳定且支持断点续传，但用户下载需要有人架设服务器并开发，资源较少。

3．P2P 下载

P2P 采用点对点传输，是将文件分成 n 个部分放到不同种子服务器上，每个下载用户下载完成文件的某一部分后都会成为种子服务器而为其他下载用户提供这部分资源。

4．BT 下载

BT 的本质是 P2P，但二者的区别是：P2P 是点对点，而 BT 是用户群对用户群。PnP 中 n 为 3、4、5……所以 BT 下载比 P2P 下载快，但又正因为此，且要一边下载一边上传，所以 BT 下载比 P2P 下载对硬盘的损害更大。

5．迅雷下载

（1）在官网下载并安装迅雷客户端。

（2）直接在网上搜索下载资源，单击【下载】按钮会弹出迅雷下载框，或者直接复制下载链接，单击迅雷客户端上方的【新建】按钮，粘贴链接后即可进行下载，如图 10-15 所示。

图 10-15　使用迅雷下载

6.百度网盘下载

（1）在官网下载并安装百度网盘客户端。

（2）新用户需注册百度网盘账号，如图 10-16 所示。

图 10-16　注册百度网盘账号

（3）在浏览器的地址栏输入百度网盘下载链接，按"Enter"键（有些链接需要提取码，通常在分享的网盘链接后会附有），复制粘贴在对话框中即可。

（4）登录百度网盘账号，将文件保存到网盘。

（5）打开百度网盘客户端，在【我的网盘】界面找到上一步保存的文件，右击，在弹出的快捷菜单中选择【下载】命令，设置下载地址，完成操作。

第 11 章
软件的管理与维护

在电脑软件应用中，软件的日常管理及维护在降低软件应用故障发生率、提升软件应用体验度等方面都发挥着重要的作用。深入开展电脑软件的日常管理与维护工作，能够有效控制、预防电脑软件应用中的潜在问题，从而提高电脑软件的应用效率。

11.1 软件的安装

在一般情况下，软件的安装过程大致相同，可以分为运行软件的主程序、接受许可协议、选择安装的路径及进行安装等步骤，有些收费软件还会要求添加注册码或者产品的序列号等。

》11.1.1 获取软件的安装程序

软件安装的前提是要有软件安装程序，获取软件安装程序的途径主要有下面几种。

1. 安装光盘

通常购买的电脑会有一张随机光盘，里面包含了相关的驱动程序，用户可以将光盘放入电脑光驱中，读取里面的驱动安装程序，进行安装。

2. 官网下载

官网是指一些公司具有公信力的唯一指定官方网站。例如，在浏览器的地址栏中输入【https://im.qq.com】并按"Enter"键，即可进入 QQ 的官方网站，单击【下载】按钮，即可下载最新版本的 QQ。

3. 通过电脑管理软件下载

通过电脑管理软件或系统自带的软件管理工具下载和安装所需要的程序，如 360 软件管家，如图 11-1 所示。

图 11-1　360 软件管家主界面

≫ 11.1.2 安装软件

软件的安装方法大同小异，根据提示进行安装即可。下面以安装"QQ音乐"为例介绍其安装步骤。

（1）打开"QQ音乐"官网（https://y.qq.com/），单击【客户端下载】按钮。

（2）在打开的客户端网站单击【立即下载】按钮，即可开始下载最新的"QQ音乐"。

（3）此时会创建新的下载任务，单击【下载】按钮即可，如图11-2所示。

图11-2　新建下载任务

（4）下载完毕后会弹出安装对话框，此时单击【快速安装】按钮即可。

（5）安装完成之后，单击【立即体验】按钮，即可打开"QQ音乐"。

(11.2) 软件的卸载

电脑系统盘容量有限，如安装太多程序，会导致电脑的运行速度变慢，为此需要经常维护电脑软件系统，将长时间不用的软件卸载，保证系统盘有足够的剩余空间。

≫ 11.2.1　使用自带的卸载组件

（1）当软件安装完成时，会自动在【开始】菜单中添加快捷方式。若需要卸载该软件，

可以右击该快捷方式，在弹出的快捷菜单中选择【打开文件位置】命令（这里以卸载"QQ音乐"为例进行介绍）。

（2）打开文件所在位置，查找该软件是否带有卸载组件。找到卸载组件之后，单击卸载组件即可，如图11-3所示。

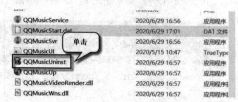

图11-3　单击"QQ音乐"自带的卸载组件

（3）在打开的页面里单击【卸载】按钮，即可卸载QQ音乐。

≫ 11.2.2　使用【添加或更改程序】功能卸载

对于一些没有自带卸载组件的软件，可以使用【添加或更改程序】功能卸载该软件。

（1）在Windows 10操作系统中选择【开始】【设置】命令。

（2）打开【Windows设置】窗口，在【查找设置】文本框中输入【控制面板】，单击【搜索】按钮，即可打开控制面板。

（3）单击【卸载程序】超链接，打开【卸载或更改程序】窗口。选择想要卸载的程序并右击，在弹出的快捷菜单中选择【卸载／更改】命令，即可删除该程序，如图11-4所示。

图11-4　卸载程序示意图

≫ 11.2.3 使用软件管家卸载

用户除了可以使用 Windows 自带的【添加或更改程序】功能卸载软件外，还可以使用"360软件管家"卸载软件。

（1）打开"360 软件管家"，单击【卸载】按钮，打开【卸载】界面，该界面展示了电脑中安装的所有应用软件。

（2）如想要卸载"向日葵"，可以单击"向日葵"后面的【一键卸载】按钮，如图 11-5 所示。

图 11-5 卸载效果示意图

11.3 应用软件的基本操作

虽然应用软件的种类非常多，但是其操作方式都有相通的地方，如软件的启动、新建、保存和退出等操作。掌握了这些操作方法，用户在接触到新的软件时就会更容易上手操作。本节介绍应用软件的基本操作。

≫ 11.3.1 查看已安装的应用软件

如果使用电脑编辑文档、修改图片或者制作动画，则需要了解电脑中安装了哪些相关软件，安装的软件可以在【控制面板】窗口或【开始】菜单中查看。

1. 通过【控制面板】查看

在 Windows 10 操作系统中，选择【开始】→【设置】命令，打开【Windows 设置】窗口，在【查找设置】文本框中输入【控制面板】，单击【搜索】按钮，即可打开控制面板。单击【卸载程序】超链接，打开【卸载或更改程序】窗口，即可看到电脑中已安装的程序，如图 11-6 所示。

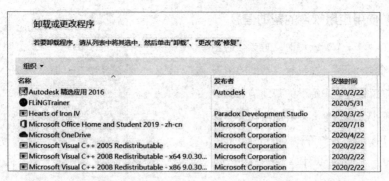

卸载或更改程序

若要卸载程序，请从列表中将其选中，然后单击"卸载"、"更改"或"修复"。

组织 ▼

名称	发布者	安装时间
Autodesk 精选应用 2016	Autodesk	2020/2/22
FLiNGTrainer		2020/5/31
Hearts of Iron IV	Paradox Development Studio	2020/3/25
Microsoft Office Home and Student 2019 - zh-cn	Microsoft Corporation	2020/7/18
Microsoft OneDrive	Microsoft Corporation	2020/4/22
Microsoft Visual C++ 2005 Redistributable	Microsoft Corporation	2020/2/22
Microsoft Visual C++ 2008 Redistributable - x64 9.0.30...	Microsoft Corporation	2020/2/22
Microsoft Visual C++ 2008 Redistributable - x86 9.0.30...	Microsoft Corporation	2020/2/22

图 11-6   通过【卸载或更改程序】窗口查看电脑中已安装的程序

2．通过【开始】菜单查看

在【开始】菜单中，用户可以十分便利地查看已经安装的软件。单击【开始】按钮，弹出【开始】菜单，上下滑动界面即可看到电脑中已安装的应用软件。

》11.3.2　启动与退出应用软件

1．启动应用软件

方法一：通过【开始】菜单启动。应用软件安装完成之后，一般会在【开始】菜单中自动创建一个快捷方式。在【开始】菜单中寻找想要打开的应用软件，单击该软件的快捷方式，即可启动该应用软件。

方法二：通过快捷方式图标启动。以"腾讯会议"为例，双击"腾讯会议"的快捷方式，即可打开"腾讯会议"，如图 11-7 所示。

图 11-7   通过"腾讯会议"的快捷方式
打开"腾讯会议"

2．退出应用软件

方法一：直接单击该应用软件主界面右上角的【关闭】按钮。

方法二：直接按"Alt+F4"组合键，关闭当前的应用软件。

》11.3.3　应用软件的共性界面

应用软件被启动后，都会出现一个主工作界面，不同应用软件的主界面也不尽相同，但是主要组成元素大都相同。这些元素主要包括标题栏、工具栏、菜单栏、编辑区等。下面以 Word 主界面为例介绍应用软件的共性界面，如图 11-8 所示。

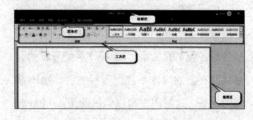

图 11-8   Word 的主界面

≫ 11.3.4 使用应用软件的帮助信息

用户在学习一个新软件时，难免会遇到这样或者那样的问题，在没有人帮助的情况下，使用应用软件本身提供的帮助信息会给用户带来不少便利。绝大多数应用软件会给用户提供帮助功能。要打开软件的帮助功能，用户只需要在软件的主界面处于激活状态下，按"F1"键即可。图11-9所示就是 Word 的帮助界面。

图 11-9　　Word 的帮助界面

≫ 11.3.5 让不兼容的软件正常运行

应用软件与操作系统是否兼容，决定了应用软件能否正常运行。如果某个应用软件是针对老版本的 Windows 操作系统开发的，那么其在新的操作系统上运行时会出现不兼容的现象，这时用户可以尝试使用 Windows 的兼容模式运行该软件。

（1）右击应用软件的快捷方式图标，在弹出的快捷菜单中选择【属性】命令，如图11-10 所示，弹出【属性】对话框。

图 11-10　　选择【属性】命令

（2）选择【兼容性】选项卡，选中【以兼容模式运行这个程序】复选框，在其下方的下拉列表中选择与该软件兼容的操作系统，单击【确定】按钮即可。

≫ 11.3.6 使用软件管家升级软件

使用软件管家升级软件的步骤如下。

（1）在"360 安全卫士"的主界面中单击【软件管家】按钮，打开"360 软件管家"界面。

（2）单击【升级】按钮，软件会自动对系统中已经安装的应用软件进行检测，并在检测结果中显示出需要更新的软件的名称，如图 11-11 所示。

图 11-11　　单击 360 软件管家中的【升级】按钮

（3）如要升级"鲁大师"可以单击其后的【一键升级】按钮，即可开始对"鲁大师"软件进行升级。

（4）升级完成后的效果如图 11-12 所示。

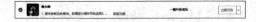

图 11-12　　软件升级完成后的效果

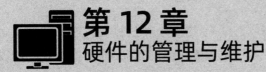

第 12 章
硬件的管理与维护

硬件设备是电脑系统正常运转的物质基础，一旦出现问题，必然导致整个电脑系统的运行故障。为了保证电脑系统能够高效稳定运行，有必要经常对电脑硬件进行管理与维护。

12.1 电脑使用常识

》12.1.1 保持良好的电脑使用环境

在使用电脑时，为了避免因为环境因素导致的电脑故障，用户要尽量创造一个良好的电脑使用环境。

（1）供电：保证供电连续性，电源的电压应稳定在 220V，以保证电脑在工作时的安全与稳定。

（2）周围卫生：要注意电脑周边的卫生，尽量避免电脑设备遭受污染或者损坏。

（3）温度与湿度：电脑机房温度应保持在 18～24℃，相对湿度应保持在 40%～60%。

（4）电脑状态：电脑的机箱盖要保持关闭状态，这样不仅可以尽可能减少电脑内部产生灰尘，同样也能够避免电脑内部的硬件受到损坏。

》12.1.2 养成正确的使用习惯

用户在使用电脑时，应该养成一些良好的使用习惯。

（1）正确地执行开机、关机操作。

（2）在电脑运行时，严禁插拔电源或者信号电缆；光驱读写时，严禁打开光驱、晃动机箱。

（3）意外断电或系统非正常退出后，应尽快进行硬盘扫描，以及时纠正错误。

（4）尽量不要使用来路不明的 U 盘，U 盘使用前必须查杀病毒。

（5）在执行可能会导致文件丢失的操作时要格外小心。

（6）在使用电脑时要注意对病毒的防御，尽量使用病毒防火墙，最好在安装或使用软件后进行病毒查杀。

（7）经常备份重要的数据。

》 12.1.3 坚持定期维护系统

用户在对电脑进行定期维护时，可以采取如下操作。

（1）检查所有的电缆插线是否牢固，检查硬盘中的碎片文件并整理硬盘。

（2）删除不再使用的文件及注册表。

（3）用脱脂棉球擦拭电脑表面的灰尘并检查电缆线是否松动。

（4）查杀病毒并且确认硬盘里的重要文件已经保存。

》 12.1.4 硬件维护注意事项

在对电脑硬件进行维护时，要注意以下几点。

（1）在拆卸主机时要注意各个插线的位置，如光驱线、硬盘线、电源线等，以便能够将其还原回去。

（2）在打开机箱维护电脑时，要特别特别注意电脑是否过了保修期限，有些品牌电脑不允许用户擅自打开机箱，如果用户打开机箱，就有可能失去保修的权利。

（3）拆卸时各个部件需要轻拿轻放，以防造成破坏，电脑硬盘更需要特别注意。

（4）用螺丝固定电脑的各部件时，要注意安装位置一定要准确，首先对准部件的位置，然后将螺丝拧紧。

（5）维护电脑时要注意静电保护，电脑板卡上的集成电路的器件对高压静电非常敏感。

12.2 查看电脑的硬件设备

组装电脑之前，用户可以通过查看硬件设备的标签了解硬件的信息。当电脑组装完成之后，也可以通过电脑上的一些管理软件查看电脑的一些硬件设备。

》 12.2.1 使用设备管理器

用户可以通过【设备管理器】查看硬件设备的使用情况。打开【控制面板】窗口，单击【硬件和声音】超链接，在打开的【硬件和声音】窗口中找到并单击【设备管理器】超链接，即可打开【设备管理器】窗口。

在【设备管理器】窗口中，用户可以查看电脑硬件设备的各种信息，如图12-1所示。

图 12-1 　【设备管理器】窗口

例如，想要知道【Microsoft ACPI 兼容的控制方法电池】的具体属性，可以单击【电池】，打开其下拉选项，选择【Microsoft ACPI 兼容的控制方法电池】选项。

》12.2.2 使用工具软件

为了一般电脑用户使用方便，"DirectX 修复工具"采用了"傻瓜式"的操作，只要单击其主界面的【检测并修复】按钮，就可以一键修复，无须用户介入具体的工作。

下面介绍"DirectX 修复工具"软件的具体使用方法。

（1）下载"DirectX 修复工具"并将其解压。

（2）双击"DirectX Repair"软件，即可打开修复工具。

（3）单击【检测并修复】按钮，如图 12-2 所示。

图 12-2　　"DirectX 修复工具"界面

（4）等待修复完成后，单击【确定】按钮，即可退出修复界面。

12.3　检测硬件的性能

》12.3.1 检测 CPU 的性能

Super Ⅱ 是一款通过计算圆周率来检测 CPU 性能的工具软件，通过计算数据所需要的时间可以准确地反映 CPU 的运算性能。其具体检测步骤如下。

（1）双击 SuperⅡ 的快捷方式，进入 SuperⅡ 主界面，如图 12-3 所示，选择【开始计算】命令。

图 12-3　　SuperⅡ 主界面

（2）在弹出的【设置】对话框选择准备计数的位数，在下拉列表框中选择【3355 万位】选项，单击【确定】按钮，开始计算 CPU 的运算能力。

（3）计算完成之后，Super Ⅱ 会显示完成计算所需要的时间。例如，本次实例中完成 3355 万位的圆周率的总耗时为 13 分 30 秒，在弹出的【完成】对话框中单击【确定】按钮，即可完成检测 CPU 性能的操作。

》12.3.2 检测内存性能

MemTest 是目前经常使用的一款内存检测软件，它不但可以通过长时间地运行检测内存的稳定度，同时也可以检测内存的储存与检索数据的能力。

接下来用一个实例介绍使用 MemTest 检测内存性能的方法。

（1）在开始检测前，应该先关闭其他应用程序。双击 MemTest 的快捷方式，打开 MemTest 主界面，如图 12-4 所示，在文本框中输入需要检测内存的大小，本次实例中输入"1500"，其单位为兆字节。

图 12-4　　MemTest 主界面

（2）单击【Start Testing】按钮，在弹出的对话框中单击【确定】按钮，开始检测内存性能。

（3）在检测的过程中，结果将显示在主界面下方。单击【停止检测】按钮，可以结束对内存的检测操作。在检测中出现错误的个数越少，则表示内存的性能越稳定。

≫ 12.3.3 检测硬盘性能

检测硬盘性能的工具软件很多，这里以HD Tune为例进行介绍。该软件的主要功能包括精确检测硬盘的健康状态、硬盘的传输效率、硬盘的温度以及检测磁盘的读取和写入状况。除此之外，该软件还能够检测硬盘的固件版本、序列号、容量、缓存大小等指标。其操作步骤如下。

（1）双击HD Tune的图标，打开HD Tune主界面，如图12-5所示。选择【基准】选项卡，单击【开始】按钮，HD Tune即开始检测硬盘的基本性能。

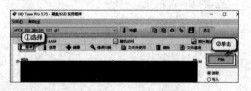

图 12-5　HD Tune 主界面

（2）当检测完成时，在【基准】选项卡右侧会显示检测到的硬盘的一些基本信息，包括最小传输速率、最大传输速率、CPU使用率、访问时间、突发速率等。

（3）选择【信息】选项卡，在其中可以看到硬盘的一些基本信息，包括固件版本、序列号、硬盘容量、缓存大小、扇区大小等。

（4）选择【健康】选项卡，可以查看硬盘内部存储的运作记录，评估硬盘的状态是否正常。

≫ 12.3.4 使用鲁大师查看电脑的硬件信息

"鲁大师"是很实用的一款测试电脑硬件的软件，下面通过一个实例讲解如何通过"鲁大师"检测电脑硬件。

（1）双击"鲁大师"的快捷方式，进入"鲁大师"主界面，如图12-6所示。

图 12-6　"鲁大师"主界面

（2）单击"鲁大师"主界面左侧的硬件参数，"鲁大师"就会开始对硬件进行检测，检测完成后显示硬件检测结果。

12.4　管理与使用外部设备

随着电脑科技的不断发展，电脑的外部设备也越来越多，主要包括打印机、扫描仪以及U盘等可移动储存设备。

≫ 12.4.1　打印机

打印机的主要作用是将在电脑中编辑的文字、表格等信息打印在纸张上，可以方便用户保存和查阅。

（1）右击电脑桌面的空白位置，在弹出的快捷菜单中选择【显示设置】命令，打开【设置】窗口。

（2）在左侧搜索框中输入【打印机和扫描仪】，单击【打印机和扫描仪】，如图12-7所示。

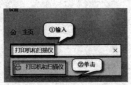

图 12-7　在【设置】窗口中搜索打印机和扫描仪

（3）单击【添加打印机和扫描仪】，添加完成后关闭。打开想要打印的文档，按"Ctrl+P"组合键调出打印设置。

（4）选择打印份数及打印的相关设置，可在预览处进行预览，待确认无误之后，单击【打印】按钮即可。

≫ 12.4.2 扫描仪

扫描仪可分为滚筒式扫描仪和平面扫描仪，近几年又出现了笔式扫描仪、便携式扫描仪、馈纸式扫描仪、胶片扫描仪、底片扫描仪和名片扫描仪等，其使用方法如下。

1. 安装扫描仪

（1）执行硬件连接。将方形 USB 接头插入扫描仪，然后用 USB 数据线连接扫描仪和电脑的 USB 接口。

（2）安装设备驱动。扫描仪驱动可以使用购买扫描仪时自带的驱动光盘，如果没有，也可以使用"驱动精灵""驱动人生""360驱动大师"等进行安装。

2. 使用扫描仪

扫描仪扫描文件的步骤如下。

（1）打开扫描仪盖板，放入要扫描的证件或文档。

（2）从电脑端找到扫描仪盘符，双击打开。

（3）在打开的扫描界面中选择合适的分辨率，可以直接选择默认或 300dpi 的分辨率。

（4）预扫确认后开始扫描。

（5）扫描完成后，根据个人需要选择输出的文件格式。

（6）选择保存路径，更改文件名称，进行存储，完成扫描。

≫ 12.4.3 U 盘

U 盘是目前比较常用的移动存储设备，其使用非常方便，只要和电脑 USB 接口进行连接即可。下面介绍如何利用 U 盘复制文件。

（1）将 U 盘插入电脑的 USB 插口，连接成功后，桌面任务栏的通知区域就会显示图标。

（2）打开 U 盘的方法有两种，若电脑安装有"360 安全卫士"，则可以单击"360 U 盘助手"里的【安全打开】按钮，如图12-8 所示；若是没有安装"360 安全卫士"，也可以通过双击【此电脑】找到 U 盘驱动器并打开。

图 12-8　通过"360 U 盘助手"打开 U 盘

（3）选中预拷贝的文件，单击右键，在

弹出的菜单中，单击【复制】按钮。

（4）返回【此电脑】窗口，双击 U 盘图标，打开 U 盘。

（5）在 U 盘的空白侧右击，在弹出的快捷菜单中选择【粘贴】命令。

（6）粘贴完成之后，U 盘不能直接拔下，而应该先将打开的 U 盘文件关闭，然后单击通知区域面板中的图标，选择【弹出 Disk 2.0】或者单击"360 U 盘助手"中的【拔出 U 盘】按钮，待上述操作完成后方可拔出 U 盘。

12.5　主板的日常维护

主板是电脑中最大的电路板，是电脑的"神经中枢"，其性能在一定程度上决定了电脑的性能。在我们日常使用电脑的过程中，有许多电脑硬件故障是由于电脑主板与其他组件之间接触不良或主板损坏引起的。主板的日常维护属于电脑维护的重要组成部分，主要包括除尘、防潮和防变形等。

12.5.1　除尘

除尘指的是去除主板上的灰尘。电脑在实际使用过程中，如果遇到主机频繁死机、重启、开机报警等情况，一个很重要的原因可能是主板上积累了大量的灰尘，这时就需要清除主板上的灰尘。

卸下主板，拔下所有卡、CPU、内存和 CMOS 电池，将主板浸入纯净的水中，用刷子轻轻擦洗。擦洗后，先将其放在阴凉处，直到表面没有水为止，然后将其用纸包裹，置于阳光下，直到完全干燥。主板必须完全干燥。

12.5.2　防潮

主板日常维护的第二点是防潮。一方面，潮湿之气会腐蚀并损坏主板电路；另一方面，由于主板上难免有灰尘，当灰尘吸收水分后，可能导通电流，从而导致电脑短路。

12.5.3　防变形

如果电脑所处的环境比较潮湿，主板就很容易变形，从而容易产生接触不良等故障，进而影响用户正常使用。因此，在组装电脑时，固定主板的螺丝不能少装或者错装，螺丝松紧也要适宜，以防止主板变形。

12.6　CPU 的日常维护

CPU 相当于电脑的大脑，因此要想延长电脑使用寿命，延长 CPU 的使用寿命就非常关键。为了保证 CPU 使用寿命，首先要保证 CPU 在正常的频率下工作。一般地，虽然通过超频的方式能提高电脑运算速度，但其会以透支 CPU 使用寿命为代价，所以不建议用户采用超频的方式进行工作。另外，CPU 的散热功能也是决定 CPU 寿命的重要因素，如果 CPU 不能良好地散热，一直保持较高的温度，就有可能导致系统运行不正常以及死机等故障。

12.6.1　CPU 的工作温度

现在主流的 CPU 运行频率已非常高，没有必要超频使用，相反在夏天使用时还应降频。此外，现在也不需要对 CPU 的工作温度过于敏感，一般情况下，CPU 在 75℃ 以下的环境中都能正常工作。

》12.6.2 CPU 风扇

CPU 风扇能够降低 CPU 的温度，可以对 CPU 起到很好的保护作用。现在主流的 CPU 发热水平如果没有 CPU 风扇，则 CPU 用不了几分钟就会烧毁。所以，平时应注意 CPU 风扇的运行情况，且应经常在风扇轴承涂抹润滑油。

如果 CPU 风扇损坏，建议仍选择新的原装风扇。散热片的底层以厚为佳，这样可以储存热量，利于风扇主动散热。另外，还要注意扫除灰尘，不能让其积聚在 CPU 表面，以免导致 CPU 的烧毁。

》12.6.3 安装 CPU

CPU 的插槽是有方向性的，插槽上有两个角各缺一个针脚孔，这与 CPU 是相对应的。安装 CPU 散热器时，一定要在 CPU 核心上均匀涂一层导热胶，注意为保证散热片和 CPU 核心充分接触，不要涂太厚。另外，安装 CPU 时不要用蛮力，以免压坏核心。

12.7　内存条的日常维护

内存条的保养对电脑的运行也十分重要。在升级内存条时，应尽量选择好的品牌，并且内存条型号要和以前的内存条一样，这样

可以避免系统运行发生故障。

》12.7.1　注意防尘

对于由灰尘引起的显卡氧化层故障，应用橡皮擦内存条，或者把棉花蘸上酒精后擦拭内存条，去除灰尘和氧化物，这样就不容易导致电脑黑屏。

》12.7.2　内存的混插问题

在升级内存时不要以为新内存条会使你的电脑性能提高很多，与之相反，可能会引起很多问题，尽量选择和现有的内存条规格参数相同的。如果新内存条与原来的内存条不同，内存卡槽混插的原则是：将低规范、低标准的内存条插入第一个卡槽中（即 DIMM1）中。

》12.7.3　安装内存条

内存卡槽的两旁都有一个卡齿，当内存条缺口对位正确时，这两个卡齿会自动将内存条"咬住"。在安装内存条时，注意内存条金手指上只有一个缺口，对应内存条卡槽内部的一个凸棱，通过将内存条缺口对准卡槽的凸棱来保证安装方向正确。

12.8　硬盘的日常维护和保养

硬盘分为固体硬盘（英文缩写为 SSD）和机械硬盘（英文缩写为 HDD），固体硬盘采用闪存颗粒来储存，机械硬盘采用磁性碟片来储存。良好的硬盘对于开机速度是有好

处的，这里介绍硬盘的日常维护和保养。

❯❯ 12.8.1 保持电脑工作环境清洁

硬盘以带有超精过滤纸的呼吸孔与外界相通，当电脑工作环境比较洁净时一般不会出现问题，但当工作环境有很多灰尘时，灰尘会被吸附到 PCBA 的表面，从而造成主轴电动机内部阻塞，因此这种情况下必须为电脑防尘。另外，如工作环境潮湿、电压不稳定也可能导致硬盘损坏。

❯❯ 12.8.2 养成正确的关机、关闭电源的习惯

如果硬盘在工作时突然关闭电源，除了会使磁头与盘片猛烈摩擦而损坏硬盘外，还可能导致磁头不能正确复位而造成硬盘划伤。所以，在关闭电源前一定要先关机，并注意机箱上的指示灯是否还在闪烁，当硬盘指示灯停止闪烁时，则意味着硬盘结束了读写操作，这时方可进行关闭电源的操作。

❯❯ 12.8.3 硬盘在读写过程中切忌断电

硬盘的转速大都是 5400r/min 和 7200r/min，SCSI 硬盘的转速更是在 10000～15000r/min，在读写过程中，如果突然切断电源，将会导致磁头和盘片以摩擦的方式减速，从而可能导致硬盘出现损坏，甚至可能使储存的数据丢失。所以，在关机时一定要注意机箱上的指示灯是否还在闪烁，在硬盘指示灯闪烁时一定不可以切断电源。

⬤ 12.9 专题分享——显示器的日常维护

显示器是电脑系统中最为重要的输出设备，通过它可查看储存器中的数据、程序、正在执行的命令及机器的运行状态，也可以用来监视运行程序的执行过程及程序运行结果等信息。但是，显示器也容易受到环境因素的影响。用户想要延长显示器的使用寿命，就要在平常使用时多注意显示器的维护和保养。

❯❯ 12.9.1 保持显示器清洁

灰尘对显示器的危害很大，在显示器使用过程中，应将显示器放置在干净的环境中，还应购买专门的显示器防尘罩，在每次使用电脑结束后及时为显示器罩上防尘罩。为了保持显示器清洁，还需要定期清理显示器屏幕上的灰尘。清理时，显示器必须断电，如果污渍较多，可以使用中性清洁液进行擦拭，注意应将清洁液喷在清洁布上，不要直接喷洒在显示器上。需要注意的是，停电后显示器内部的高压包仍可能有电，所以清除显示器内部灰尘时最好请专业人员清除，以免造成严重后果。

12.9.2 良好的工作环境

显示器对空气湿度的要求非常严格，比较理想的环境是相对湿度为 30%～80%。当

相对湿度 ≥ 80%时，显示器内的电源变压器和其他线圈容易因受潮漏电，甚至可能断开连接，内部组件容易生锈和腐蚀，严重时电路板会短路；当相对湿度 ≤ 30%时，显示器的机械摩擦部分容易引起静电干扰，内部组件被静电损坏的可能性会增加，也可能影响显示器的正常运行。因此，如果显示器所处的环境相对潮湿，用户最好准备一些干燥剂，以保持显示器周围的环境干燥。一旦水进入了显示器，则需要将显示器放在干燥的地方，使水缓慢蒸发。如果显示器周围的环境太干燥，可以放置一些绿色植物调节湿度。

≫ 12.9.3 工作环境要保持合适的温度

显像管是显示器的主要热源，在过高的环境温度下，其工作性能和使用寿命将大大降低。显示器内部有许多焊点，如果温度太高，某些焊点可能会断开。同时，温度太高也容易使显示组件加速老化或烧毁。因此，显示器应放置在通风良好的地方，以使其尽快散热。在炎热的夏天，如果条件允许，最好将显示器放在有空调的室内，或使用电风扇为其降温。

≫ 12.9.4 避免挥发性化学气体的侵害

无论是哪种显示器，都应远离化学药品。这里要强调的是，要注意其他挥发性化学物质对显示器造成的损坏。例如，发胶灭蚊剂等会损坏 LCD 屏幕甚至整个显示屏上的液晶分子，从而缩短显示器的使用寿命。

12.10 其他硬件维护

≫ 12.10.1 键盘与鼠标的日常维护

（1）最好不要热插拔键盘和鼠标（USB接口除外）。

（2）不要将鼠标和键盘的电缆拉得太紧，以免断开或接触不良。

（3）如果不是防水键盘，应注意不要让液体进入键盘。当大量液体进入键盘时，应尽快关闭电脑，从机箱上拔下键盘的线，打开键盘，然后用一块干净、吸水的软布擦拭内部的水，然后在通风处将其自然晾干。

（4）定期清理键盘表面上的灰尘。通常，可以使用柔软干净的湿布擦拭键盘。对于顽固的污渍，可以用中性清洁剂擦拭，最后用湿布擦拭。

（5）灰尘等会通过键盘按键之间的小缝隙掉入键盘中，从而影响按键的灵活性。此时，应拆卸键盘底部以进行清理。此操作比较困难，因此建议不要轻易尝试。此外，将键盘翻转过来后，拍击键盘底部也会掉出很多灰尘。

≫ 12.10.2 音箱的日常维护

音箱是一种不易发生故障的设备，但不易发生故障并不意味着不会发生故障。在使用音箱期间，许多故障通常不是由音箱本身引起的，例如，灰尘、潮湿和电位器等问题可能导致音箱产生故障。因此，在日常使用中要做好音箱设备的清洁，保持空气干燥，温度适宜，延长音箱设备的使用寿命。

≫ 12.10.3 打印机的日常维护

不同的打印机日常维护方式有所差异，但维护内容比较相似，具体方法如下。

（1）打印机必须放在平稳、干净、防潮、无酸碱腐蚀的环境中，并且远离热源、震源，避免日光的直接照射。

（2）保持打印机清洁，要定期用小刷子或吸尘器清扫打印机内的灰尘和纸屑，要经常用软布擦拭打印机表面。如果表面太脏，可以用中性清洁剂擦拭，以保证良好的清洁度。

（3）在通电的情况下，不要随意插拔打印机的电缆，以免烧坏打印机与主机接口元件。插拔前一定要先关闭主机和打印机电源。

（4）正确使用操作面板上的进纸、退纸、跳行、跳页等按钮，尽量不要手动拖拽打印机内部元件。

≫ 12.10.4 移动存储设备的日常维护

目前使用最广泛的移动存储设备是 U 盘和移动硬盘，它们都是即插即用设备，使用非常方便。使用方法正确以及避免静电损坏会使 U 盘和移动硬盘使用寿命更长，并且不容易损坏。

1. U 盘的日常维护

U 盘属于常见的移动存储设备，其以良好的性能和紧凑的外形而受到用户的好评。同时，U 盘如果使用不当，则很容易损坏，造成数据丢失。使用 U 盘时应注意以下几个方面。

（1）U 盘应放在干燥的环境中，不要将长时间不使用的 U 盘插入 USB 接口，否则很容易导致接口老化，也将损坏 USB 闪存驱动器。

（2）拔出 U 盘时要小心，需要观察 U 盘指示灯是否闪烁，如果闪烁表明 U 盘正在进行读写操作，此时拔出容易导致 U 盘损坏。

（3）对于有写保护开关的 U 盘，使用前应将其下拉至适当位置。在使用过程中，不要随意移动写保护开关，否则可能会损坏 U 盘。

（4）USB 闪存驱动器"怕"水和振动，所以使用 U 盘时应轻拿轻放，放置 USB 闪存驱动器时应防止受潮。

2. 移动硬盘的日常维护

使用移动硬盘时应注意如下事项。

（1）最好不要有两个以上的移动硬盘分区，否则将增加启动移动硬盘时系统检索和使用时的等待时间。

（2）最好不要将其插入电脑以进行长期工作。应该使用本地硬盘下载和组织数据并将其复制到移动硬盘，而不是直接在移动硬盘上完成数据操作。

（3）不要对移动硬盘进行碎片整理，这很容易损坏硬盘。如果确实需要进行碎片整理，应复制整个分区中的所有数据，碎片整理完成后再复制回去。

（4）使用前，最好用手触摸金属物体以释放手上的静电，并轻拿轻放；不使用时，应将其放在皮套中，以防止与其他杂物混合或进入灰尘。

第 13 章
数据的管理与维护

我们要未雨绸缪，平时注意管理与维护数据，使用时更从容。

13.1 数据的隐藏与显示

≫ 13.1.1 简单的隐藏与显示数据

文件隐藏最直接有效的方式就是使用 Windows 操作系统的自带功能。首先，找到需要隐藏的文件或文件夹，右击，在弹出的快捷菜单中选择【属性】命令，在弹出的对话框中选中【隐藏】复选框，单击【确定】按钮，如图 13-1 所示。

图 13-1　隐藏文件夹

≫ 13.1.2 通过修改注册表隐藏与显示数据

除此之外，还可以通过修改注册表来隐藏与显示数据。

首先，按 "Win + R" 组合键，在弹出的【运行】对话框中输入 "regedit"，单击【确定】按钮，进入注册表编辑器。

在注册编辑器中定位到 "HKEY_LO-CAL_MACHINE\SOFTWARE\Microsoft-\Windows\CurrentVersion\Policies\Ex-plorer" 后，在右侧空白区域右击，在弹出的快捷菜单中选择【新建】→【DWORD（32位）值】命令，如图 13-2 所示，其值名为 "No Drives"，将 "基数" 改为 "十进制"，按照二进制数值的方式填入对应的 "数值数据" 即可。

图 13-2　修改注册表编辑器

如果想要屏蔽所有分区，只要填入"67108863"即可。如果想要取消隐藏，并不是直接删除新建键值，而是需要把新建的"No Drives"数值数据修改为"0"。

》13.1.3 使用 Wise Folder Hider 隐藏与显示数据

Wise Folder Hider 为文件隐藏软件，它不仅可隐藏文件、文件夹，甚至可隐藏 USB 移动存储设备，还提供密码保护功能，且隐藏的数据即使在 DOS 下也无法访问。

如果想要隐藏私密数据，可首先登录 Wise Folder Hider，然后单击【隐藏文件】或【隐藏文件夹】图标，选择并加载需要隐藏的文件或文件夹。当然，也可以直接把文件或文件夹拖放到软件界面空白处，即可把目标文件自动加载到软件列表中，如图 13-3 所示。而要取消隐藏文件，可单击【打开】下拉按钮，在弹出的下拉列表中选择【取消隐藏】选项。

图 13-3　使用 Wise Folder Hider 隐藏文件

13.2 数据的备份与恢复

》13.2.1 文件的备份与恢复

可以通过 Windows 10 自带的备份功能定期自动备份文件和文件夹。选择【开始】→【设置】命令，打开【Windows 设置】界面，单击【更新和安全】超链接，进入【更新和安全】界面，如图 13-4 所示。

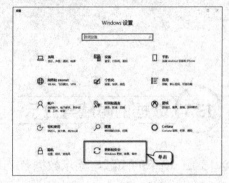

图 13-4　进入【更新和安全】界面

单击【备份】，在右侧窗口中打开备份方式选择界面，有四种方式可以选择：①登录 OneDrive 并将文件备份到 OneDrive；②使用文件历史记录进行备份可以将文件备份到其他驱动器；③如果之前使用 Windows 7 备份和还原工具创建了备份，在 Windows 10 可继续使用该工具；④将文件放在云、外部存储设备或网络。

》13.2.2 驱动程序的备份与恢复

驱动程序的备份与恢复使用第三方软件 Double Driver 比较方便，其不仅可以查看系统上安装的所有驱动程序，也可以备份和还原所有选定的驱动程序，如图 13-5 所示。

图 13-5　使用第三方软件 Double Driver 备份驱动程序

≫ 13.2.3 注册表的备份与恢复

（1）按"Win+R"组合键，弹出【运行】对话框，输入"regedit"命令，单击【确定】按钮，打开注册表编辑器。

（2）选中要备份的项目，选择【文件】→【导出】命令，导出注册表。

（3）在打开的窗口中选择文件要保存的位置，并对文件进行命名，下方的导出范围就是备份的项目范围，全部即是备份注册表全部文件。命名完成后单击【保存】按钮，完成注册表的备份。

修改注册表发生错误时，可以使用之前的备份文件进行注册表的还原，即选择【文件】→【导入】命令，如图 13-6 所示，找到备份文件的保存位置，选中备份文件，单击【导入】按钮，即可完成注册表的恢复。

图 13-6　导入备份的注册表

≫ 13.2.4 QQ 资料的备份与恢复

在日常生活中，需要经常对 QQ 聊天记录进行备份与恢复。下面介绍常规的 QQ 消息的备份与恢复方法。

1. QQ 消息备份

（1）打开 QQ 聊天窗口左下角的菜单栏，单击【消息管理】，打开 QQ 消息管理窗口。

（2）单击标题栏上的下三角图标，在弹出的下拉列表中选择【导出全部消息记录】选项，如图 13-7 所示。

图 13-7　导出消息记录

（3）选择保存导出消息记录的位置。

（4）等待消息记录导出完成即可。

2. QQ 消息恢复

（1）单击 QQ 消息管理窗口标题栏上的下三角图标，在弹出的下拉列表中选择【导入消息记录】选项。

（2）选择要导入的内容，选中【消息记录】，单击【下一步】按钮。

（3）选择导入消息记录的方式，此处为【从指定文件导入】，单击【浏览】按钮，选择保存的消息记录文件，单击【打开】按钮。

（4）选中文件，单击【导入】，等待消息记录导入，完成后单击【下一步】按钮。

（5）导入成功后，单击【完成】按钮，即可把备份的消息记录导入 QQ。

13.3 数据的加密与解密

13.3.1 简单的加密与解密

数据加密与解密是实现数据保护的常用方法。可以通过把存放数据的分区设置成"不可访问"来实现简单的加密与解密操作。按"Win + R"组合键，在弹出的【运行】对话框中输入"gpedit.msc"，如图13-8所示。

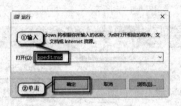

图 13-8　【运行】对话框

单击【确定】按钮，打开本地组策略编辑器，依次选择【用户配置】→【管理模板】→【Windows 资源管理器】，在右侧的列表中双击【防止从'我的电脑'访问驱动器】，最后选择需要其他用户禁止访问的驱动器即可。

13.3.2 无权访问的文件夹

Windows 10 操作系统下，在访问或更改某些系统文件夹时，有时会遇到系统提示"你当前无权访问该文件夹"的情况，如图13-9所示。

图 13-9　无权访问的文件夹

该问题的处理步骤如下。

（1）右击该文件夹，在弹出的快捷菜单中选择【属性】命令，弹出【属性】对话框。

（2）选择【安全】选项卡，单击【高级】按钮，打开文件夹高级安全设置窗口。

（3）单击【所有者】后面的【更改】按钮，弹出【选择用户或组】对话框，单击【高级】按钮，进入高级设置。

（4）单击【立即查找】，在列出的用户和组中选择自己登录的账户，单击【确定】按钮，进入电脑账户设置界面。

（5）选中【替换子容器和对象所有者】，单击【确定】按钮，完成更改。

退出后，再双击文件夹，仍然会弹出无权访问的提示，但单击【继续】按钮后，即可打开该文件夹。

13.3.3 为文件或文件夹设置密码

（1）右击需要设置密码的文件夹，在弹出的快捷菜单中选择【属性】命令，弹出【属性】对话框。

（2）单击【高级】选项，进入设置界面，选中【加密内容以便保护数据】复选框，单击【确定】按钮，如图13-10所示。

图 13-10　进行加密

（3）返回【属性】对话框，单击【确定】

按钮，在弹出的对话框中再次单击【确定】按钮。

》 13.3.4 更改和取消设置的密码

（1）右击需要取消设置密码的文件夹，在弹出的快捷菜单中选择【属性】命令，弹出【属性】
对话框。

（2）单击【高级】选项，进入设置界面。

（3）取消选中【加密内容以便保护数据】复选框，单击【确定】按钮，如图13-11所示。

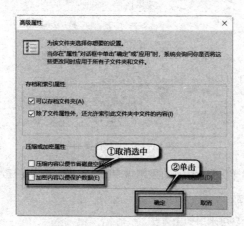

图 13-11　取消密码保护

13.4　备份 360 极速浏览器收藏夹

单击 360 极速浏览器左上角收藏夹星状标志，在弹出的下拉列表中单击【导入 / 导出收藏夹】，如图 13-12 所示。在弹出的对话框中有【导入收藏夹】和【导出收藏夹】两个选项按钮，在此以【导出收藏夹】为例说明其操作步骤。

（1）在【导入 / 导出收藏夹】对话框中单击【导出收藏夹】按钮，系统弹出【另存为】对话框，系统自动生成一个以 "bookmarks_+ 当前日期 .html" 形式命名的文件，并给出一个默认的存储位置。

（2）根据对话框中给定的目录树确定存储的位置，单击【保存】按钮，系统提示收藏夹导出成功，在存储位置即可找到已导出的文件。

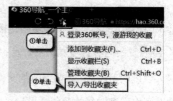

图 13-12　单击【导入 / 导出收藏夹】选项

13.5 专题分享——使用云盘保护重要数据

13.5.1 上传、分享和下载文件

本节以百度网盘为例，介绍利用百度网盘进行简单的文件上传、分享和下载。

下载百度网盘客户端，双击打开，单击【上传】按钮，如图 13-13 所示。

图 13-13　上传文件

在弹出的对话框中选择想要上传到百度网盘中的文件夹，单击【存入百度网盘】按钮，即可将本地文件上传到百度网盘。

百度网盘中文件的分享可采用如下方法。

（1）在想要分享的文件夹后单击【分享】按钮 ⏚ 。

（2）在弹出的对话框中选择分享的形式及分享有效期，完成选择后单击【创建链接】按钮，如图 13-14 所示。

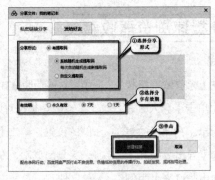

图 13-14　创建分享链接

（3）在弹出的对话框中，复制链接和提取码，或者复制生成的二维码。

（4）将复制内容直接发送给好友，好友通过单击链接或者扫描二维码即可查看分享的文件。

进入百度网盘后，在需要下载的文件后单击【下载】按钮 ↧ ，即可开始下载文件。一段时间后，当文件前面出现有对号的蓝色方框后，即下载完成。

▶▶ 13.5.2 自动备份

除了电脑自带的备份功能之外，还可以利用百度网盘进行自动备份。下面简单介绍使用百度网盘进行自动备份的步骤。

（1）在百度网盘首页左侧的菜单栏中单击【工具】按钮，在右侧弹出的界面中单击【文件夹备份】按钮。

（2）在弹出的界面中单击【选择文件夹】按钮，选中要备份的文件夹，单击【确定】按钮。

（3）在弹出的对话框中单击【立即备份】按钮，如图 13-15 所示。

图 13-15　备份选中文件

等待备份完成之后，即可在百度网盘内找到已经备份的文件夹。

▶▶ 13.5.3 使用隐藏空间保存私密文件

在百度网盘内，还可以通过隐藏空间保存重要的数据及私密文件，下面介绍其步骤。

（1）在网盘首页单击隐藏空间，在弹出的界面中输入二级密码，单击【进入隐藏空间】按钮。

（2）在隐藏空间内，可以将想要隐藏的内容上传。单击【上传文件】按钮，如图13-16 所示。

图 13-16　将文件上传到隐藏空间

（3）在弹出的对话框中选择想要上传到隐藏空间的文件夹，单击【存入百度网盘】按钮，传输完成后，即可在百度网盘内找到上传的文件夹。

13.6　恢复误删的数据

▶▶ 13.6.1 从回收站中还原

在桌面右击【回收站】图标，在弹出的快捷菜单中选择【打开】命令，进入回收站界面。选择需要恢复的数据，右击，在弹出的快捷菜单中选择【还原】命令，如图13-17 所示。

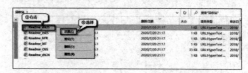

图 13-17　还原需要恢复的数据

操作完成后，原本被删除的数据就会被还原到被删除之前的原始位置。

》13.6.2 清空回收站后的恢复

如果不小心将回收站全部清空，最简单有效的方法就是利用第三方软件来恢复数据。这里以"嗨格式数据恢复大师"为例，介绍简单的清空回收站数据后的恢复方法。

打开"嗨格式数据恢复大师"，单击【误清空回收站恢复】按钮，在弹出的界面中选择数据放入回收站前的位置，单击【开始扫描】按钮，开始进行文件扫描。

扫描完成后，在弹出的界面中选择需要恢复的文件夹，单击【恢复】按钮，即可完成误清除回收站内的数据的恢复，如图13-18所示。

图 13-18　恢复回收站内误删的文件

》13.6.3 使用软件恢复数据

在"嗨格式数据恢复大师"软件首页单击【误删文件/视频恢复】，如图13-19所示。

图 13-19　恢复误删的数据

在弹出的界面中选择原数据存储的位置，单击【开始扫描】按钮。扫描完成后，在弹出的界面中选择想要恢复的文件夹名称，单击【恢复】按钮，即可完成数据的恢复。

》13.6.4 硬盘误格式化后的恢复

（1）打开"嗨格式数据恢复大师"软件，首页单击【误格式化恢复】，如图13-20所示。

图 13-20　误格式化恢复

（2）在弹出的界面中选择原数据存储位置，单击【开始扫描】按钮。

（3）在弹出的界面中选择分区格式化前文件系统类型，选择完成后单击【确定】按钮。

（4）选择误被格式化的硬盘中想要恢复的数据文件夹，单击【恢复】按钮，即可恢复格式化的硬盘。

13.7 操作系统的备份、还原与数据恢复

》13.7.1 使用 Ghost 对系统进行备份与还原

Ghost（General Hardware Oriented System Transfer，通用硬件导向系统转移）是著名软件公司赛门铁克推出的一个可以备份/还原系统或者数据的软件，其能够一步到位完全恢复已经破坏的操作系统。下面简单介绍利用 Ghost 进行数据备份和还原的方法，假设 Ghost 程序已预先放在 E 盘的 Ghost 目录下。

1．系统备份

（1）重启电脑，运行 Ghost 程序，选择【Local】（本地）→【Partition】（分区）→【To Image】（生成镜像文件）选项，如图 13-21 所示。

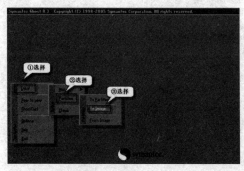

图 13-21　运行 Ghost 程序

（2）在屏幕显示硬盘选择画面后，选择分区所在的硬盘"1"（如果本机只有一块硬盘），按"Enter"键。

（3）选择要制作镜像文件的分区（源分区），这里用上下键选择分区"1"（C 分区），再按"Tab"键切换到"OK"按钮，

按"Enter"键。

（4）选择镜像文件保存的位置。

（5）选择是否压缩镜像文件。

（6）开始制作备份文件，如图 13-22 所示。

图 13-22　开始备份

2．系统恢复

（1）重启电脑，选择进入 DOS 系统，运行 Ghost 程序，选择【Local】→【Partition】→【From Image】选项，恢复系统。

（2）选择镜像文件的保存位置，如图 13-23 所示，选择镜像文件，按"Enter"键，如图 13-24 所示。

图 13-23　选择镜像文件的保存位置

175

图 13-24　　选择镜像文件

（3）选择镜像文件恢复到的分区，我们一般只对 C 盘操作，选择 Primary，即主分区 C 盘。

（4）所有选择完毕后，Ghost 会要求确认是否进行操作，单击"Yes"按钮，按"Enter"键。等到进度条为 100% 时，镜像即恢复成功，此时直接选择"restart computer"选项即可重启。

≫ 13.7.2　使用 OneKey 对系统进行备份与还原

运行 OneKey 一键还原工具，选中【备份分区】单选按钮，选择备份系统盘，单击【确定】按钮，如图 13-25 所示。

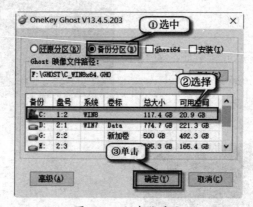

图 13-25　　备份系统

根据提示，重启电脑之后进入系统备份操作，等待系统备份完成。

备份完成后，如需还原系统，可在 OneKey 首页选中【还原分区】按钮，单击【打开】按钮，找到备份完成的文件夹，单击【确定】按钮，即可成功还原系统，如图 13-26 所示。

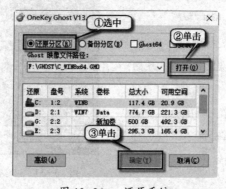

图 13-26　　还原系统

第 14 章
电脑的优化与设置

电脑需通过软件和硬件共同合作来完成各种工作，在使用过程中难免会出现这样那样的问题，那么你想了解电脑怎样进行日常维护吗？本章将带你一起了解电脑优化的相关技巧。

 加快开关机速度

≫ 14.1.1 调整系统启动停留的时间

用户在启动操作系统时，可以依据自己的需求调整操作系统列表的时间，以及显示恢复选项的时间。本节以 Window 10 操作系统为例进行介绍，具体操作步骤如下。

（1）右击桌面的【此电脑】图标，在弹出的快捷菜单中选择【属性】命令，如图 14-1 所示，进入【系统属性】设置界面。

图 14-1　打开"系统"窗口

（2）单击【高级系统设置】超链接，弹出【系统属性】对话框，选择【高级】选项卡，单击【启动和故障恢复】中的【设置】按钮。

（3）弹出【启动和故障恢复】对话框，在其中可以对【显示操作系统列表的时间】和【在需要时显示恢复选项的时间】进行设置，单位为秒。选中【将事件写入系统日志】复选框，单击【确定】按钮，完成调整系统启动停留的时间操作。

≫ 14.1.2 设置开机启动项目

想要加快开关机的速度，就需要对开机选项进行设置，关闭大量闲置并占用内存的程序，从而释放内存，起到加快开关机的作用。

（1）按"Win+R"组合键，在弹出的【运行】对话框中输入"msconfig"，单击【确定】按钮，弹出【系统配置】对话框。

（2）选择【启动】选项卡，单击【打开任务管理器】超链接，对任务管理器中的【启动】选项卡进行设置，对闲置占用空间的程序进行选定，单击【禁用】按钮，即可完成对开机选项的设置，如图 14-2 所示。

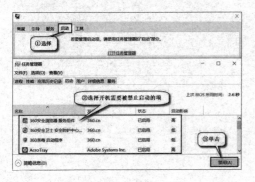

图 14-2　设置开机选项

》》14.1.3　减少开机滚动条的时间

开机启动时，滚动条滚动 10 多圈是 Windows 操作系统较为常见的问题。用户可以对注册表中的键值进行修改，从而减少开机滚动条的滚动时间，起到加快开机的作用。

（1）按"Win+R"组合键，在弹出的【运行】对话框中输入"regedit"，打开注册表编辑器。

（2）按从左向右的顺序逐层单击注册表编辑器的键（关于"键"的概念见 14.5 节，这里按图示操作即可）如图 14-3 所示，单击到④层后即可在右侧窗口中设置具体的注册表值。

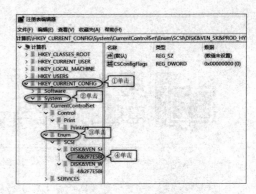

图 14-3　点击注册表文件

（3）在某个具体的注册表项上右击，在弹出的快捷菜单中选择【修改】命令，弹出【编辑字符串】对话框，在【数值数据】文本框中输入"1"，单击【确定】按钮，完成对开机滚动条的设置，如图 14-4 所示。

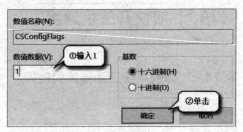

图 14-4　修改数值

注意：在减慢开机滚动条设置过程中，数值 0 ~ 3 分别代表不同的属性设置。

（1）输入 3：表示预读取 Windows 操作系统文件和应用程序，是默认值。

（2）输入 2：表示只预读取 Windows 操作系统文件。

（3）输入 1：表示只预读取应用程序。

（4）输入 0：表示取消预读取功能。

14.2 加快系统运行速度

≫ 14.2.1 禁用无用的服务组件

本节以 Windows 10 操作系统为例，禁用用户不需要的服务组件，消除潜在占用，加快电脑的运行速度，具体操作如下。

（1）右击桌面【此电脑】图标，在弹出的快捷菜单中选择【管理】命令，打开【计算机管理】窗口。

（2）选择【服务和应用程序】，双击【服务】，打开正在运行的服务组件窗口。`

（3）右击需要禁用的服务组件，在弹出的快捷菜单中选择【停止】命令，将服务组件移出运行空间，再选择【属性】命令，在【启动类型】下拉列表中选择【禁用】，完成对闲置服务组件的释放，如图 14-5 所示。

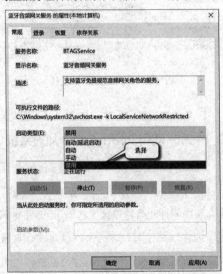

图 14-5　禁止蓝牙组件运行

注意：一般用户可以对传真服务、打印服务、计划服务、局域网消息传递等服务组件进行释放，从而加快电脑的运行速度。结合快捷键，禁用服务组件也有简便的操作步骤。

按 "Ctrl+Alt+Delete" 组合键，单击【启动任务管理器】超链接，打开任务管理器，选择需要禁止的服务程序即可。

若发现服务组件不可禁止，也可在【服务】选项卡中进行更为详细的设置。

≫ 14.2.2 清理磁盘垃圾文件

对于磁盘垃圾，既可以手动清理，也可通过清理软件进行清理，两种方法的具体操作步骤如下。

1．手动清理

（1）按 "Win+R" 组合键，弹出【运行】对话框，输入 "cleanmgr"，单击【确定】按钮，弹出【磁盘清理: 驱动器选择】对话框。

（2）选择要清理的磁盘，单击【确定】按钮，如图 14-6 所示。

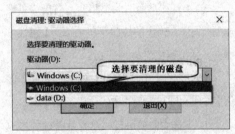

图 14-6　选择要清理的磁盘

（3）选中【其他选项】，单击【程序与功能】的【清理】按钮。

（4）右击闲置不用的软件，在弹出的快捷菜单中选择【卸载】命令，完成清理。

2．使用软件清理（以 360 安全卫士为例）

（1）双击桌面【360 安全卫士】图标，打开 360 安全卫士，选择【电脑清理】，单击【全面清理】按钮，如图 14-7 所示。

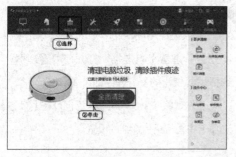

图 14-7　"360安全卫士"的清理功能

（2）在"360安全卫士"进行垃圾检查后，单击【一键清理】按钮，清除磁盘垃圾。

注意："360安全卫士"等清理软件往往是对系统盘（C盘）的垃圾进行处理，如果想要卸载其他盘的程序，最好采取手动清理。

≫ 14.2.3 整理磁盘碎片

整理磁盘碎片有利于释放闲置的内存空间，提高电脑利用率，具体方法如下。

（1）打开桌面"此电脑"，右击需要整理的磁盘，在弹出的快捷菜单中选择【属性】命令，弹出属性窗口。

（2）选择【工具】窗口选项卡，单击【优化】按钮，打开磁盘的【优化驱动器】窗口。

（3）选中需要进行磁盘碎片整理的本地磁盘，单击【分析】按钮，即可对选中磁盘的磁盘碎片进行整理；再单击【优化】按钮，实现对磁盘碎片的释放。为保证磁盘的高效利用，可以对磁盘的内存空间进行定期整理，单击【更多设置】按钮，如图14-8所示。

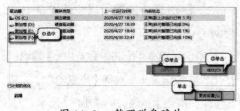

图 14-8　整理磁盘碎片

（4）通过弹出的【优化计划】对话框，可以设置磁盘定期整理的频率，单击【确定】按钮，完成优化计划的制订。

≫ 14.2.4 结束多余进程

结束多余进程可以提高电脑的运行速度，从而减少卡顿事件出现的频率，具体操作步骤如下。

按"Ctrl+Alt+Delete"组合键，单击【任务管理器】超链接，打开任务管理器，选择【进程】选项卡，右击需要结束的进程程序，在弹出的快捷菜单中选择【结束任务】命令，或者直接单击任务管理器下方的【结束任务】按钮，便可结束多余进程，如图14-9所示。

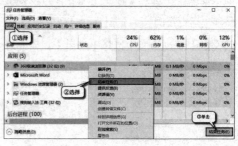

图 14-9　结束多余进程

≫ 14.2.5 使用 ReadyBoost 加速系统

ReadyBoost是从Windows Vista操作系统开始使用的一项技术，在Windows 10操作系统中同样包含这项技术。ReadyBoost利用了闪存随机读写及零碎文件读写的优势来提高系统性能，是下一代闪存硬盘的临时替代品。其具体操作步骤如下。

（1）双击【此电脑】，右击U盘盘标，在弹出的快捷菜单中选择【属性】命令，弹出【属性】对话框。

（2）选择 ReadyBoost 后进行调试即可，如图 14-10 所示。

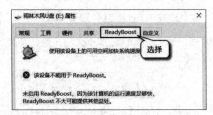

图 14-10　ReadyBoost

注意：在 Windows 10 及以上版本操作系统中，采取 ReadyBoost 进行系统提速作用较小；若电脑为 Windows 10 以下版本操作系统，建议采取 ReadyBoost 进行加速。

14.3 系统瘦身

14.3.1 关闭系统还原功能

Windows 操作系统往往带有系统还原功能，即当系统遭到破坏时，电脑可以通过该功能将系统恢复至正常运行状态。系统还原功能在电脑正常运行时不但不会发挥作用，反而会占用一定的资源，因此当电脑正常运行时，可以选择将该功能关闭。关闭系统还原功能的具体操作步骤如下。

（1）右击【此电脑】，在弹出的快捷菜单中选择【属性】命令，在系统窗口单击【高级系统设置】超链接。

（2）弹出【系统属性】对话框，选择【系统保护】选项卡，单击【配置】按钮，在弹出的对话框中进行系统配置。

（3）选中【禁用系统保护】单选按钮，单击【确定】按钮，完成对系统保护的停用，

如图 14-11 所示。

图 14-11　停用系统保护

14.3.2 更改临时文件的位置

电脑在使用过程中会产生大量临时文件，这些临时文件被默认放置在系统盘，因此可以通过改变临时文件的位置到非系统分区，达到减轻系统运行负荷的目的。更改临时文件夹位置的具体操作步骤如下。

（1）在 14.3.1 节弹出的【系统属性】对话框中选择【高级】选项卡，单击【环境变量】按钮。

（2）弹出【环境变量】对话框，选择 TEMP 变量，单击【编辑】按钮。

（3）弹出【编辑用户变量】对话框，对选择变量的位置进行改写。在【变量值】文本框中输入除系统盘外的文件夹地址，单击【确定】按钮，如图 14-12 所示。

图 14-12　输入地址

（4）单击【高级】选项卡中的【确定】

按钮，完成对临时文件夹位置的改变。

≫ 14.3.3 禁用休眠

电脑在较长时间无操作时，一般会自动进入休眠状态，这种休眠状态有时会带给使用者较差的使用体验。可以通过电脑设置来禁用休眠，从而满足使用者的需求。禁用休眠的具体操作步骤如下。

（1）右击【此电脑】，在弹出的快捷菜单中选择【属性】命令，打开【设置】窗口，单击【控制面板主页】，即可打开控制面板。

（2）单击【硬件和声音】超链接，打开【硬件和声音】窗口，单击【更改计算机睡眠时间】超链接，打开【编辑计划设置】窗口。

（3）将显示器与电脑进入休眠状态都设置为【从不】，单击【保存修改】按钮，如图 14-13 所示。

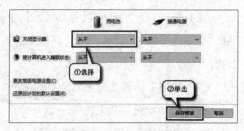

图 14-13　禁止休眠

注意：电脑系统一般休眠时间为 5 分钟，为减少能源损耗，用户可将时间设置为 5 小时，这样既可确保使用时电脑能够正常运行，也可保证长时间无操作时电脑能够自动休眠。

≫ 14.3.4 关闭系统错误发送报告

Windows 操作系统自带的系统错误检测机制过于灵敏，常会对用户操作电脑带来困扰。这里以 Windows 10 操作系统为例，关闭系统错误发送报告的具体操作步骤如下。

（1）按 Win+R 组合键，弹出【运行】对话框，输入"services.msc"，打开本地服务运行窗口。

（2）双击【Windows Error Reporting Service】，弹出【Windows Error Reporting Service 的属性（本地计算机）】对话框。

（3）在【启动类型】下拉列表中选择【禁用】选项，单击【确定】按钮，完成操作，如图 14-14 所示。

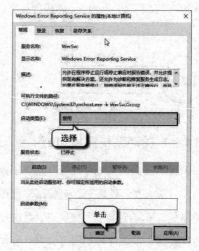

图 14-14　禁止错误报告发送

≫ 14.3.5 定期清理文档使用的记录

用户对文档记录进行定期清理，有利于保持电脑持久高效地运行。清除文档记录的具体操作步骤如下。

（1）右击【开始】，在弹出的快捷菜单中选择【文件资源管理器】命令。

（2）打开文件资源管理器，选择最近的文档记录进行删除，完成对最近文档使用记录的清除，如图 14-15 所示。

图 14-15　清除文档记录

>> 14.3.6　清理上网记录

用户在使用电脑上网浏览时，浏览器会记录用户打开的网页。用户可以根据自身需求记录或清除上网记录，便于保护自身隐私和记录重要链接。清除上网记录的具体操作如下（以 360 极速浏览器为例）。

（1）打开 360 极速浏览器后，单击打开

【历史记录】。

（2）单击【清除上网痕迹】按钮，在弹出的【清除上网痕迹】对话框中设置时间段和选项，单击【清除】按钮，如图 14-16 所示。

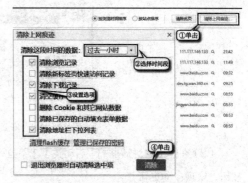

图 14-16　清除上网记录

注意：在清除上网记录的过程中，若有重要网页需要记录，则可以在收藏后进行删除。

14.4　开启 Windows 防火墙和自动更新

>> 14.4.1　开启 Windows 防火墙

Windows 操作系统往往自带防火墙，以防止病毒程序的入侵，进而保护用户的权益。用户学会开启防火墙是保护自身权益不可缺少的一步，其具体操作步骤如下。

（1）单击桌面左下角的 $\mathcal{P}$ 图标，在搜索区输入"控制面板"，打开控制面板，单击【系统和安全】超链接。

（2）打开【系统和安全】窗口，单击【Windows Defender 防火墙】超链接，打开【Windows Defender 防火墙】窗口。

（3）单击【启用或关闭 Windows Defender 防火墙】超链接，如图 14-17 所示，打开【自定义设置】窗口，选中【启用 Windows Defender 防火墙】单选按钮，即可开启防火墙。

图 14-17　开启防火墙

≫ 14.4.2 开启 Windows 自动更新

（1）按"Win+R"组合键，弹出【运行】对话框，输入"services.msc"，进入【服务】窗口，右击 Windows Update，在弹出的快捷菜单中选择【属性】命令，如图 14-18 所示。

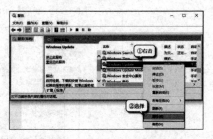

图 14-18　右击 Windows Update

（2）在弹出的对话框的【启动类型】下拉列表中选择【自动】选项，单击【应用】和【确定】按钮，实现自动更新。

14.5 专题分享——Windows 注册表优化方法

≫ 14.5.1 认识 Windows 注册表

1. 注册表的作用

注册表类似于一本账簿，记载电脑运行中需要的各种参数和设置，在 Windows 操作系统中发挥核心作用。注册表具有及时性，即当电脑信息发生改变或安装新的设备时，注册表都会将新的信息读入，并选择合适的文件调用驱动程序；当电脑信息被删除时，注册表也会相应地删除信息，实现一体化。

2. 注册表编辑器

注册表编辑器与 Windows 的资源管理器相似，是一个树状目录结构。资源管理器中的文件夹在注册表编辑器中称为键，因此注册表中形成了树状键结构。资源管理器最顶层的文件称为根目录，其下一层文件夹称为子目录。相似地，注册表编辑器树状键的

最顶层称为根键，其下一层称为子键。图 14-19 中显示了注册表的树状键结构，从根键开始，根据箭头示意单击即可打开下一层的子键，直到找到键值后再进行设置。

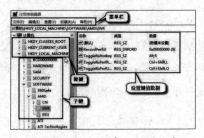

图 14-19　注册表编辑器信息

≫ 14.5.2 备份和还原注册表

1. 备份注册表

（1）打开注册表编辑器，选择【文

件】→【导出】命令，弹出【导出注册表文件】对话框。

（2）选中【全部】单选按钮，可以保存注册表的全部信息。选择合适的存储地址，单击【保存】按钮。

注意：【全部】是将注册表所有信息进行保存，而【所选分支】可以根据自身需求选择想要保存的键的信息。

2. 还原注册表

（1）打开注册表编辑器，选择【文件】→【导入】命令，弹出【导入注册表文件】对话框。

（2）选择之前保存的注册表备份文件，将数据导入，单击【打开】按钮，实现注册表还原，如图14-20所示。

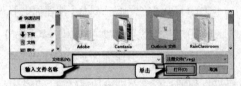

图14-20　还原注册表

备份注册表与还原注册表是相辅相成的，将备份还原可重新实现系统稳定。

>> 14.5.3　限制修改注册表

当电脑用户不止一个时，别人修改注册表也会影响自己的使用，这时应该给注册表上一把"锁"，限制其他用户对注册表的修改。

（1）按"Win+R"组合键，弹出【运行】对话框，输入"services.msc"，打开本地服务运行窗口。

（2）右击"Remote Registry"，在弹出的快捷菜单中选择【属性】命令。

（3）在弹出的对话框的【启动类型】下拉列表中选择【禁用】选项，单击【应用】和【确定】按钮，限制其他用户对注册表的修改，如图14-21所示。

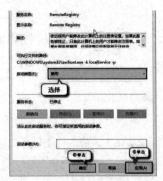

图14-21　限制修改注册表

>> 14.5.4　清理注册表

电脑安装一个程序、驱动或硬件时，其信息都会被添加至注册表中。随着Windows使用时间的延长，注册表中登记的信息变得越来越多，注册表数据存储量也越来越大。网页的浏览记录也会被存储在注册表中，注册表会变得冗长。另外，用户在使用电脑时不考虑注册表的资源利用，导致不合理的卸载和安装，使得注册表的内存利用率下降。这里利用"Windows优化大师"清理注册表，来解决这一现象，具体操作步骤如下。

（1）双击打开Windows优化大师，单击【一键清理】按钮。

（2）扫描完成后，单击【确定】按钮，完成清理，如图14-22所示。

图14-22　清理注册表

14.6 使用工具优化电脑

14.6.1 使用 Windows 优化大师优化系统

1. 磁盘优化

（1）双击开打"Windows 优化大师"选择【系统优化】，进入优化界面。

（2）在优化界面可以进行初步设置，此处可以不更改原设置，直接单击【设置向导】按钮，如图 14-23 所示。

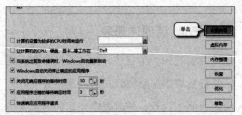

图 14-23　"Windows 优化大师"设置向导入口

（3）根据提示选择机型，单击【下一步】按钮，开始清理磁盘。

（4）清理结束后，在弹出的对话框中单击【完成】按钮，完成对磁盘的清理。

2. 桌面菜单优化

（1）选择【桌面菜单优化】，单击【设置向导】按钮。

（2）单击【下一步】按钮，选择【最佳外观设置】，再单击【下一步】按钮。

（3）对优化内容进行选择，单击【下一步】按钮，再单击【完成】按钮，完成桌面菜单优化。

14.6.2 使用 360 安全卫士优化系统

"360 安全卫士"是一款被大多数用户用于下载应用的安全软件，它既可以实现杀毒、修复系统，也可以实现对电脑垃圾的清理及电脑各种性能的优化。

1. 开机优化

打开"360 安全卫士"，选择【优化加速】，单击【全面加速】按钮，实现电脑的开机加速。

2. 游戏优化

选择【功能大全】→【游戏优化】，下载相关插件，便可加快游戏运行。

14.6.3 使用鲁大师优化系统

（1）打开"鲁大师"，选择【清理优化】。

（2）在清理优化窗口中单击【开始扫描】按钮，软件将采取最佳优化方案对硬件、系统进行扫描，对多余的占用缓存进行检测，如图 14-24 所示。

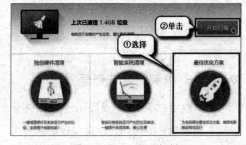

图 14-24　开始扫描

（3）单击【一键清理】按钮，对硬件、系统累积的累赘缓存进行释放，起到提高电脑使用性能的目的。

≫ 14.6.4 McAfee AntiVirus 优化系统

McAfee AntiVirus 是很多电脑自带的杀毒系统，它既可以对病毒进行查杀，也可以对应用程序进行提速。打开 "McAfee AntiVirus"，选择【PC 性能】，先单击【应用程序提速】，再单击【网页浏览提速】，如图 14-25 所示。

图 14-25　程序与网页提速

注意：McAfee AntiVirus 软件具有实时扫描功能，凡是未知的下载链接都会被视为病毒，并被立刻清除。因此，用户在下载未知安全链接时，应先关闭 McAfee AntiVirus 的实时扫描功能。

第 15 章
电脑病毒的预防及电脑的安全设置

电脑不断地影响着我们的生活，电脑病毒也随着各种网络、移动存储器等日新月异的方式入侵家用电脑、智能设备，严重影响我们使用电脑和网络。所以，非常有必要学习一些电脑病毒的预防及电脑的安全设置方法，下面就让我们一起学习吧。

15.1 认识电脑病毒

15.1.1 电脑病毒的概念

电脑病毒与生物病毒不同，它根植于电脑程序中，由编制者在电脑程序中插入的破坏电脑功能或者数据的各类代码组成。电脑病毒与生物病毒的特性相似，其可以快速蔓延，依附在各个文件上，随着文件的复制，病毒自身也会完成复制，进行进一步的破坏。

15.1.2 电脑病毒的分类

电脑病毒也常常被黑客用做窃取、销毁他人电脑信息的手段。当使用者的电脑被黑客的木马入侵时，黑客便可通过木马对目标电脑的各类信息进行搜索，窃取他人隐私。

随着网络技术的发展，很多黑客通过不同的木马病毒实现了不同的入侵目的。一般的木马病毒包括密码发送病毒、键盘记录病毒、破坏性病毒、FTP 病毒、反弹端口型病毒等。

15.1.3 电脑感染病毒的常见症状

由于病毒种类各不相同，因此电脑感染病毒后的症状也有所区别，一般包括以下几种情况。

（1）电脑系统的运行速度减慢或电脑死机。

（2）系统无法正常启动。

（3）硬盘空间不足。

（4）电脑数据丢失。

（5）电脑屏幕异常消息提示。

（6）电脑系统无法对硬盘做出反应。

（7）键盘输入异常。

（8）命令执行出现错误。

（9）系统异常重新启动。

注意：电脑病毒的种类繁多，不同病毒对电脑入侵的程度及后果有所不同，以上仅对常见症状进行介绍，用户需根据杀毒实际情况做出合理判断。

图 15-1　带写保护的 U 盘

≫ 15.1.4　预防电脑病毒

防护电脑病毒应从日常做起，在使用外接设备时要确保该设备不携带病毒，如使用带有保护锁功能的 U 盘或移动硬盘能防止该设备在其他环境写入病毒，如图 15-1 所示。

我们要在日常做到病毒的预防工作，减少由电脑病毒引发的安全隐患。如下为使用杀毒软件预防病毒的措施。

1．电脑监控

以 360 杀毒软件为例，打开"360 杀毒"，选择【实时防护】选项。

2．定期进行杀毒扫描

以 360 杀毒软件为例，打开"360 杀毒"，单击【快速扫描】按钮，对电脑病毒进行检测并消灭。

15.2　专题分享——使用 360 安全卫士维护系统安全

"360 安全卫士"是当今电脑用户最为广泛使用的杀毒软件，该软件集垃圾清理、漏洞修补、木马查杀于一体，拥有比较完善的管理体系，深受广大用户喜爱。

≫ 15.2.1　使用 360 安全卫士对电脑进行体检

双击打开"360 安全卫士"，单击【立即体检】按钮，对电脑的整体状况进行检测，如图 15-2 所示。体检后单击【确认优化】按钮，完成电脑优化。

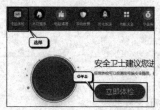

图 15-2　立即体检

》15.2.2 使用360安全卫士查杀流行木马

选择【木马查杀】，打开【木马查杀】窗口，单击【快速查杀】按钮，完成对流行木马的清理，如图15-3所示。

图15-3　木马查杀

》15.2.3 使用360安全卫士清理恶评插件

"360安全卫士"与"瑞星卡卡"在这方面功能相近，"360安全卫士"通过木马对电脑恶意插件进行查杀和删除，方法见15.2.2节所述。

》15.2.4 使用360安全卫士修复系统漏洞

选择【系统修复】，打开【系统修复】窗口，单击【全面修复】按钮，即可对系统漏洞进行检测并修复，如图15-4所示。

图15-4　修复系统漏洞

注意：系统修复针对系统漏洞进行填补，而修复插件也可被认为是电脑垃圾，因此在进行电脑清理时需谨慎选择。

》15.2.5 使用360安全卫士清理垃圾文件和使用痕迹

选择【电脑清理】，打开【电脑清理】窗口，单击【全面清理】按钮，对电脑的垃圾文件和使用痕迹进行清理，如图15-5所示。

图15-5　电脑清理

15.3　鲁大师——维护系统安全

》15.3.1 使用鲁大师对电脑进行体检

打开"鲁大师"，单击【硬件体检】按钮，对电脑的垃圾文件和使用痕迹进行清理，如图15-6所示。

图15-6　硬件体检

硬件体检后，单击【体检完成】按钮，完成体检。

》15.3.2 使用鲁大师清理垃圾文件

打开"鲁大师",选择【清理优化】,单击【开始扫描】按钮,对电脑的垃圾文件进行清理,如图 15-7 所示。

图 15-7　垃圾清理

注意:垃圾清理与硬件体检有一定区别,垃圾清理可以更彻底地清除垃圾,释放缓存,减小电脑运行的压力。

》15.3.3 使用鲁大师进行温度管理

打开"鲁大师",选择【温度管理】,对电脑的运行状态进行管理,如图 15-8 所示。

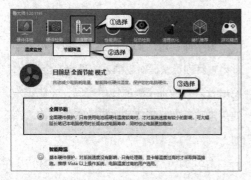

图 15-8　温度管理

注意:在【温度管理】窗口既可以选择【温度监控】,对电脑的运行温度进行实时反馈,也可以选择【节能降温】,对电脑的运行温度进行调控。

》15.3.4 使用鲁大师进行性能测试

"鲁大师"除了可以对系统缓存进行释放外,还可以对电脑硬件的性能进行测试,对电脑硬件的使用性能做出合理评估,让用户较为直观地了解电脑的使用状态。

打开"鲁大师",选择【性能测试】,对电脑硬件的性能进行检测,如图 15-9 所示。

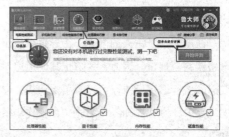

图 15-9　性能测试

注意:性能测试可以对处理器、显卡、内存、磁盘的运行状态进行评价,进一步反映电脑硬件水准;而实时测试依据电脑的运行状态确定,不会恒定不变。

》15.3.5 使用鲁大师进行硬件检测

打开"鲁大师",选择【硬件检测】,对电脑的硬件性能的基础参数和型号进行显示,如图 15-10 所示。

图 15-10　硬件检测

注意:用户在售出不用的电脑时,可以通过鲁大师的【硬件检测】对电脑配置进行显示,让买者有更为清晰的认识。

15.4 维护系统安全的常用技巧

15.4.1 禁用和启用注册表

注册表是 Windows 操作系统的运行核心，电脑硬件、软件和设置问题都与注册表相关，因此注册表对于电脑系统来说极为重要。

注册表由于错误的修改，将导致系统出现错误甚至崩溃。因此，为防止其他用户对注册表进行恶意修改，可以禁用注册表，以实现保护。禁用 Windows 注册表的操作步骤如下。

（1）选择桌面左下角【开始】命令，打开【运行】对话框，输入"gpedit.msc"，单击【确定】按钮，打开本地组策略编辑器。

（2）在对话框中左侧树状目录中打开【用户配置】【系统】选项，在弹出的右侧列表中选择【设置】【阻止访问注册表编辑工具】选项，右击，在弹出的快捷菜单中选择【编辑】按钮，弹出【阻止访问注册表编辑工具】对话框。

（3）在打开的【阻止访问注册表编辑工具】对话框中，选择【已启用】单选按钮，在下方窗口【是否禁用无提示运行 regedit？】下拉列表中选择【是】选项，单击【确定】按钮，即实现禁用注册表编辑器，如图15-11 所示。

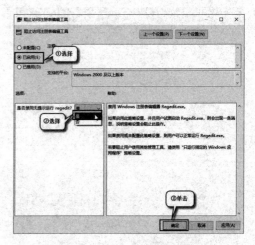

图 15-11　设置禁用注册表

注意：在禁用注册表后，用户可以通过试图打开注册表来检测禁用注册表是否真正实现。

15.4.2 设置管理员密码

为了保证用户的隐私安全，用户可以通过设置管理员密码对电脑系统进行安全保护，使用者只有输入正确的使用密码，才能正常使用电脑。设置管理员密码的正常操作步骤如下。

（1）打开控制面板，单击【用户账户】超链接，打开【用户账号】窗口。

（2）在打开的【用户账户】窗口中，单击"管理员"图标。

（3）选择【更改密码】超链接，打开【更改密码】窗口，输入密码，完成对管理员密码的设置，如图 15-12 所示。

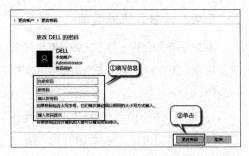

图 15-12　创建管理员密码

如果用户不小心忘记密码，可以到线下正规电脑销售点去修改。

15.4.3 限制密码输入次数

为了防止他人以暴力破解的方式获得密码，设置密码后要对密码输入次数进行限制。限制输入次数的操作如下。

（1）按"Win+R"组合键，弹出【行】对话框，输入"gpedit.msc"，打开本地组策略编辑器。

（2）依次展开【计算机配置】→【Windows 设置】→【安全设置】，最后选择【帐户策略】和【帐户锁定策略】。

（3）选择右侧列表中的【帐户锁定阈值】，弹出【帐户锁定阈值属性】对话框，如图 15-13 所示。

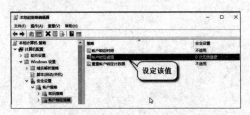

图 15-13　设置帐户锁定阈值属性

（4）在对话框中输入规定的输入次数，单击【确定】按钮，完成对输入次数的限制操作。

注意：用户在完成该项设置后，应牢记自己的管理员密码，否则当自己输入次数超过规定次数后，电脑将完成自锁，用户也需要在很长时间后才能继续输入密码，这将给使用带来不便。

15.4.4 禁止使用控制面板

禁用控制面板也是用户维护自身隐私的一种方法，这可以防止黑客利用控制面板控制自己的电脑。

（1）按"Win+R"组合键，弹出【运行】对话框，输入"gpedit.msc"。

（2）打开本地组策略编辑器，依次选择【用户配置】→【管理模块】→【控制面板】选项。在右侧列表双击【禁止访问控制面板】选项，弹出【禁止访问"控制面板"和 PC 设置】对话框。

（3）选中【已启用】单选按钮，完成禁用控制面板的操作，如图 15-14 所示。

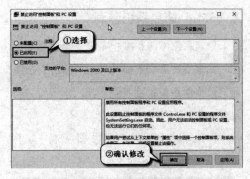

图 15-14　禁用控制面板

15.4.5 关闭自动播放功能

自动播放功能与外来设备的插入相关，当用户将可移动存储设备与电脑连接时，电脑会自动打开该设备并显示其中的内容。这种方式虽然给用户带来了便利，但也给病毒的入侵提供了可能。用户可以根据如下方法将自动播放功能关闭。

（1）通过控制面板打开【自动播放】窗口。

（2）取消选中【为所有媒体和设备使用自动播放】复选框，单击【保存】按钮，如图 15-15 所示。

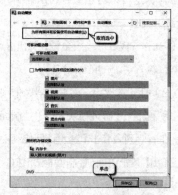

图 15-15　关闭自动播放

》15.4.6　修复系统漏洞

修复系统漏洞是维护系统安全的重要措施，如果电脑漏洞不能及时进行修补，很可能造成电脑系统错乱甚至崩溃。本节以"瑞星安全助手"为例进行操作。

打开"瑞星安全助手"，选择【漏洞修复】，单击【立即修复】按钮，如图 15-16 所示。

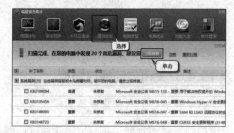

图 15-16　修复系统漏洞

》15.4.7　修复系统危险项

维护系统安全的一种方式是经常修复系统危险项，下面以"瑞星安全助手"为例进行操作。

打开"瑞星安全助手"，选择【电脑修复】，点击【立即修复】按钮，结果如图 15-17 所示。

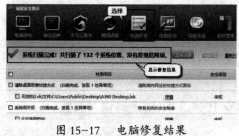

图 15-17　电脑修复结果

注意：漏洞修补与电脑修复完成后，单击【完成】按钮即可。这也提示用户不要从没有安全保证的网址下载文件，因为极有可能存在潜伏的病毒。

第16章
电脑硬件故障诊断与排除

电脑为我们的工作、生活和学习带来了很多便利，但使用过程中也常会出现一些小故障，比如显示器蓝屏，网卡连不上，忽然死机……这时与其向他人求助，不如自己行动起来，只要掌握基本技能，我们就能成为解决问题的小能手，一起来学习吧。

16.1 CPU 常见故障排除

CPU 的故障诊断通常通过自己的观察即可完成。我们可以通过观察电脑的散热、风扇以及开机使用情况进行判断。

16.1.1 开机无反应

使用 CPU 转接卡后经常出现开机无反应现象。

【故障表现与诊断】：使用购买的转接卡或者购机赠送的转接卡，出现开机时没有任何反应的现象，一般是因为转接卡有问题。

【处理方法】：可以利用无水酒精清洗"插脚"上的氧化物，让转接卡接触良好，就可以解决问题。

16.1.2 针脚损坏

CPU 针脚发生氧化而导致电脑不能正常运行时，通常进行以下操作。

【故障表现与诊断】：这种情况通常不常见，一般是因为使用电脑不规范造成的。

【处理方法】：用细棉签蘸取少量无水酒精轻轻擦拭 CPU 针脚，待晾干后重新安装即可。

16.1.3 CPU 温度过高导致关机重启

因 CPU 温度过高而导致电脑软件报警时，进行以下操作。

【故障表现与诊断】：CMOS 中显示 CPU 温度过高，但是 CPU 没有超频，风扇也在正常转动，用手触摸感觉风扇温度并不高。

【处理方法】：通常情况下，该问题是由主板 BIOS 故障引起的，用户升级 BIOS 之后即可解决问题。

16.1.4 修复 CPU 故障技巧

我们要修复 CPU 首先要发现它的问题所在，通过对问题的分析来进行故障修复。通常 CPU 故障可通过拆卸 CPU 进行维护和解决，而在电脑使用过程中遇见的 CPU 故障问题，则可以通过适配等进行维护。如果无法修复或者 CPU 质量有问题，则需要更换 CPU，以确保电脑能够正常使用。

16.2 专题分享——内存常见故障排除

16.2.1 内存条故障原因及排除技巧

（1）内存条与主板插槽接触不良：关机后将内存条取出，重新安装在内存条插槽中。

（2）内存中驻留程序太多或应用程序非法访问内存：清除内存驻留程序，减少活动窗口数量，调整一些程序配置文件，重新安装应用程序或操作系统。

（3）病毒影响：用杀毒软件清除病毒，CMOS 放电，并重新设置硬件参数。

（4）内存条芯片质量低劣：建议更换内存条。

16.2.2 开机长鸣

拆除内存条，对内存条与卡槽进行清理后，重新安装进行测试。如果此时仍然无效，则更换不同的卡槽测试。若长鸣的问题还不能解决，则需要更换内存条。

16.2.3 提示内存读写错误

遇到这个问题时，拔出内存条，清理电脑的灰尘，包括内存槽内和内存的金手指（内存下面的金色触片）。机箱内的灰尘可以使用鼓风机和小刷子清理，内存条金手指的灰尘可以用酒精或者橡皮擦擦拭。清理完毕后插回去测试。如果提示内存读写错误，采用以下方法处理。

首先进行电脑杀毒，因为有时可能是病毒或者恶意程序造成内存读取错误。可以试着把内存更换一个内存槽口进行测试。

利用搜索引擎搜索一个内存检测软件，检测内存，看内存的颗粒是否出现故障。因为内存条上有很多颗粒，有可能只是其中一个出现了读取故障，所以并不是说电脑显示能进入系统就表示内存条没有问题。如果是内存条出现了问题，若电脑仍在保修期内，则建议返厂维修；若过了保修期，则需更换一根内存条。

16.2.4 内存显示容量与实际容量不相符

通常情况下，其原因是内存条插口不稳，接触不良，只需将内存条拔下再次插入，确保连接稳固即可。如果问题没有解决则查看是否是因为部分内存分配给了显卡，如果不是，则说明内存条质量有问题，需要更换内存条。

16.3 主板常见故障排除

当主板出现故障时，一般会导致系统无法启动、屏幕无显示等现象。通常情况下，主板产生故障的原因分为以下3种。

（1）元器件原因。

（2）人为原因。

（3）静电、灰尘原因。

常用的主板故障排查方法有以下几种。

（1）清理法：使用软毛刷刷掉主板上，包括主板上的各卡槽的灰尘。

（2）观察法：查看主板上的电容、电阻等元件是否烧损，观察主板元件是否有过热现象。

（3）插拔法：将发生故障的硬件设备取出后重新插入相应卡槽。

（4）工具诊断法：利用主板诊断工具诊断主板的故障。

16.4 硬盘常见故障排除

》16.4.1 硬盘故障诊断技巧

硬盘损坏是电脑硬件故障中最常见的一种情况，硬盘发生故障会给我们带来很大麻烦，所以我们有必要知道硬盘损坏的征兆及

检测方法，以减少不必要的麻烦和损失。

（1）听硬盘声音。对于机械硬盘，在电脑运行时，没问题的硬盘发出的声音很平缓，而有问题的硬盘一般都伴有刺耳的杂音。

（2）电脑启动时开机界面是否顺畅。电脑启动时，没问题的硬盘开机界面一般很流畅，有问题的硬盘通常开机界面会很卡。

（3）重建分区与删除数据是否卡顿。没问题的硬盘在删除数据与重建分区时都会很流畅，而有问题的硬盘在删除数据与重建分区时会出现短暂的卡顿。

（4）采用硬盘检测工具。通过系统自带的工具或第三方硬盘检测工具对硬盘进行检测也是一种非常有效的方法。

》16.4.2 在 Windows 初始化时死机

首先检测是否为硬盘故障导致，可采用替换法，关机后拆开电脑，换上一块新的硬盘，再次开机。如果电脑仍死机，则说明不是硬盘的问题；如果电脑成功进入系统，则说明是硬盘的问题，更换一块新的硬盘即可解决问题。

》16.4.3 分区表遭到破坏

用光盘或者软盘引导启动系统后，此时可能找不到 C 盘，这可能是硬盘分区表信息遭到破坏，或者被某种病毒攻击。若用户不需要保留硬盘中的数据，可以先用 FDISK/MBR 命令全部清除分区表内容，再用 FDISK 等分区软件重新进行分区、格式化，解决问题；如需要保留数据，则需要应用磁盘分区软件进行硬盘分区表的恢复，按要求进行操作。

≫ 16.4.4 硬盘逻辑坏道

双击打开"此电脑"，选择损坏的硬盘，右击，在弹出的快捷菜单中选择【属性】命令，如图 16-1 所示。

图 16-1　选择【属性】命令

在弹出的对话框中选择【工具】选项卡，单击【检查】按钮来对硬盘进行扫描修复，见图 16-2 所示。通常情况下，问题都可以通过检查来问题，如果出现无法解决的情况则需要重新安装硬盘。

图 16-2　检查

≫ 16.4.5 碎片过多导致系统运行缓慢

对于碎片过多导致系统运行缓慢这种情况，可以使用类似于检查硬盘损坏的方法。首先打开"此电脑"，选择需要清理的硬盘，右击在弹出的快捷菜单中选择【属性】命令，

在弹出的对话框中选择【工具】选项卡，单击【优化】按钮，如图 16-3 所示。

图 16-3　优化

进入优化界面，选择需要清理的硬盘，单击【优化】按钮，等待优化结束即可，如图 16-4 所示。

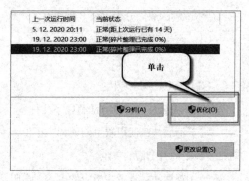

图 16-4　等待优化

16.5　显卡故障处理

≫ 16.5.1 显卡常见故障

通常情况下，显卡故障有以下几种类型：开机无显示、显示花屏、看不清字迹、颜色显示不正常、死机、屏幕出现异常杂点或图案、显卡驱动程序丢失等。接下来讲解如何应对这些问题。

≫ 16.5.2 开机黑屏

【故障表现与诊断】：一般情况下，该

问题是由于显卡与主板接触不良或者主板的插槽有问题造成的，开机后通常会有一长两短的警报声。

【处理方法】：首先拔下显卡，对显卡与显卡插槽进行清理再将显卡插入插槽。如果仍有警报声，可以判断为显卡损坏，需更换或维修显卡；若开机后无警报声，但是显示器仍然无图像，则将显卡在其他主板，若能使用正常，说明显卡与黑屏电脑的主板不兼容，更换显卡即可解决问题。

》 16.5.3 屏幕出现杂点或花屏

【故障表现与诊断】：通常情况下，此类故障是因显示器或者显卡不支持高分辨率造成的。

【处理方法】：花屏时切换到安全模式，进入显示设置，在 16 色状态下选择应用后重新启动，删除显卡驱动程序，再次重启电脑，问题即可解决。

》 16.5.4 颜色显示错误

【故障表现与诊断】：通常情况下，该问题是由于显卡与显示器信号线接触不良造成的。

【处理方法】：检查连线状态，在电脑关机后重新固定信号线，重启电脑，问题即可解决。

》 16.5.5 电源功率或设置的影响

【故障表现与诊断】：通常情况下表现为花屏或者黑屏，此类故障可能是由于电源功率不够造成的。

【处理方法】：用以下 5 种思路尝试解决：①检查显卡频率，如果显卡有过超频，就将显卡频率降到默认设置，核心电压也一定要还原；②更换显卡供电接口；③更换更大功率的电源；④更换显卡插槽和 DVI 接口：首先尝试将显卡换到其他 PCIe 插槽上，看看能否恢复正常。其次，将 DVI 线换一个接口。注意：在更换 PCIe 插槽或者 DVI 接口前，一定要将这些接口清理一次，以免内部累积的灰尘造成影响；⑤升级主板 BIOS 并且还原到默认设置。

16.6　声卡故障处理

》 16.6.1 声卡无声

【故障表现与诊断】：在调试驱动程序时发现没有静音，并且在【音量】中也无法解决，通常情况下是显卡与其他外插卡有冲突或与 Direct X 驱动程序不兼容。

【处理方法】：调整 PnP 卡使用的系统资源，若问题无法解决，则更新驱动程序（最好选择稳定版本），问题即可解决。

》 16.6.2 声卡发出噪声过大

【故障表现与诊断】：通常情况下，此类故障是由于声卡插卡不正导致的。

【处理方法】：将声卡取下检查，同时检查声卡卡槽，如果有卡槽问题，则用钳子进行矫正。

16.7 打印机常见故障排除

16.7.1 打印机提示错误信息不能打印

打开【控制面板】，单击【查看设备和打印机】超链接，如图 16-5 所示。

图 16-5   单击【查看设备和打印机】超链接

选择连接的打印机，单击【查看现在正在打印什么】按钮，如图 16-6 所示。

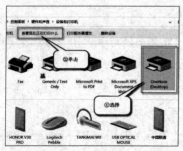

图 16-6
单击【查看现在正在打印什么】按钮

在打开的窗口中选择【打印机】→【取消所有文档】命令，打印机就会恢复正常，如图 16-7 所示。如果需要打印，再次打开文档即可。

图 16-7   选择取消所有文档

16.7.2 打印机不能进纸

通常情况下，打印机不能进纸是由以下几种情况造成的。

（1）打印纸放入过多。

（2）打印机有异物堵塞。

（3）打印纸受潮 。

（4）墨水用完。

16.7.3 打印机走纸不正

首先需要确定纸张放置是否正确，在确定纸张放置正确后，再次尝试打印，如果仍然走向不正，说明打印机内部加热组件出现问题，需要请电脑维护人员进行维护。

第 17 章
电脑软件故障诊断与排除

软件故障是我们经常遇见的问题，但是绝大多数人不"认识"它，本章即对其进行讲述。

17.1 电脑软件常见故障类型

在我们日常使用电脑时会遇到很多问题，第 16 章已经介绍了硬件故障，因此本章讲解软件故障。通常情况下，电脑软件故障有以下几种。

（1）驱动程序故障。

（2）重启或死机。

（3）提示内存不足。

（4）运行速度缓慢。

（5）软件中毒。

17.2 软件故障常用排除方法

≫ 17.2.1 重装系统

重装系统可以使用 OneKey Ghost 软件，

具体步骤如下。

（1）下载 OneKey Ghost 工具并安装，制作电脑系统盘的镜像文件或者从网上下载现成的镜像文件。

（2）打开 OneKey Ghost 工具，选择镜像文件，从分区列表框中选中系统盘对应行，单击【确定】按钮，根据提示进行下一步操作。

（3）程序处理完成后重启即可。

≫ 17.2.2 软件最小系统

软件最小系统由电源、主板、CPU、内存、显示卡/显示器、键盘和硬盘组成。软件最小系统主要用来判断系统是否可以完成正常的启动与运行。对于软件故障的检查，硬盘中的软件环境只有一个基本的操作系统，可能是卸载所有应用，或是重新安装一个干净的操作系统环境，目的是判断系统问题、软件冲突或软硬件冲突问题。

>> 17.2.3 程序诊断

针对运行环境不稳定等故障，可以用专用的软件对电脑的软、硬件进行测试，如3DMark、WinBench等。这些软件对电脑进行反复测试后，会生成报告文件，可以比较轻松地找到一些由于系统运行不稳定引起的故障。

>> 17.2.4 重置软件环境参数

当软件出现一些应用故障或者缺陷时，要尽量从软件的配置参数考虑，针对软件故障的表现对相应的参数加以修改，从而有效排除故障。

17.3 操作系统故障处理

>> 17.3.1 操作系统故障诊断思路

操作系统故障诊断思路非常容易理解和掌握，主要分为3步：了解故障情况→判断定位故障→维修故障。

>> 17.3.2 操作系统故障导致死机

系统文件遭到破坏容易造成"死机"。系统文件是电脑系统启动或运行时的关键性支持文件，如果系统文件出现问题，整个电脑系统将无法运行。另外，新手用户误操作删除系统文件也会造成这种后果。病毒和黑

客程序的入侵是系统文件被破坏的最主要原因。其解决方法是：打开电脑杀毒软件无法运行的杀毒，同时将驱动全部更新即可。

>> 17.3.3 操作系统安装后缺硬件驱动

通常情况下，电脑的驱动是安装完整的，如果出现系统丢失驱动的情况，则说明电脑型号与驱动不匹配，需要去官网对照自己的电脑型号下载驱动并进行安装。可以先下载"驱动精灵"等软件进行安装，如果无法安装，则需要去官网下载。

>> 17.3.4 无法安装应用软件

按"Win+R"组合键，弹出【运行】对话框，输入"gpedit.msc"命令，单击【确定】按钮。打开"本地组策略编辑器"，依次选择【计算机管理】【管理模板】【Windows组件】，进入【Windows组件】界面。单击【Windows Installer】，双击打开【禁止用户安装】窗口，可以看到该项设置为【已启用】，这就是导致软件不能正常安装的原因，如图17-1所示。

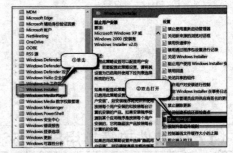

图 17-1 设置为【启用】

把该项设置为【未配置】或【已禁用】，单击【确定】按钮，再单击【保存】按钮退出，这样即可正常安装软件。

17.4 Office 软件故障的处理

17.4.1 Word 故障的处理

1. Word 文档故障的处理

最有效的解决方法就是打开以下路径，C:\Documents and Settings\Administrator\Application Data\Microsoft\Templates，将该目录的文件全部删除。如果删除不了，那很有可能是当前正打开 Word 文档在编辑，那我们只要把文档保存并关闭，重新删除文件即可。

重新打开 Word 文档，再打开以上路径进行查看，会重新生成新的文件，Word 文档故障就解决了。

2. Word 文件受损无法打开的处理方法

按"Win+R"组合键，弹出【运行】对话框，输入命令"%appdata%\microsoft\Templates"，单击【确定】按钮，找到"Normal"名称的文件并手动删除，重新打开 Word 程序或文档，如图 17-2 所示。

图 17-2 删除文件

如果文件仍无法打开，可以尝试将该文件的扩展名改为".rtf"后再尝试打开文档。

17.4.2 Excel 故障的处理

1. Excel 文件受损无法打开的处理方法

遇到这种问题时，可将受损的 Excel 工作簿重新保存，并将保存格式设置为".sylk"。如果问题仍无法解决，可借助一些 Excel 文件修复软件，如"ExcelRecovery"等进行修复。

2. Excel 无法进行求和运算的处理方法

选中不能正常计算的单元格区域。单击【数据】选项卡下的【分列】按钮，在弹出的下拉列表中选择【分裂】，在弹出的对话框中选中【分割符号】单选按钮，单击【下一步】按钮，见图 17-3 所示。

图 17-3 选中【分割符号】单选按钮

按"Tab"键，单击【下一步】按钮，选中【常规】单选按钮，单击【完成】按钮，如图 17-4 所示。

图 17-4 完成操作

3. Excel 文档未保存就关闭的处理方法

打开 Excel 软件，选择【文件】【打开】，在右侧文档打开列表中单击【恢复未保存的工作簿】，选择未保存的文档即可打开，接着进行编辑或保存即可，如图 17-5 所示。

图 17-5　恢复

图 17-7　宏设置选项

≫17.4.3 PowerPoint 故障的处理方法

1.PowerPoint 文稿丢失的处理方法

启动 PowerPoint，选择【文件】→【选项】命令，弹出【PowerPoint 选项】对话框，选择【保存】标签，选中【保存自动恢复信息时间间隔】复选框，并在其后文本框中设置时间。需要注意，为了减少损失，建议时间设置得尽可能短一些，如图 17-6 所示。单击【确定】按钮返回，即可正常编辑文稿。

图 17-6　更改设置

2.PowerPoint 一直出现宏警告的处理方法

启动 PowerPoint，选择【文件】→【选项】命令，弹出【PowerPoint 选项】对话框，选择【信任中心】标签，单击【信任中心设置】按钮，在弹出的【信任中心】对话框中进行属性设置。

在 4 种"宏设置"中，系统默认选择的是【禁用所有宏，并发出通知】，此时任选其他 3 项中的一项即可解决问题，见图 17-7 所示。

17.5　WPS 软件故障处理

WPS 是一个集成式的简易办公软件，与 Office 软件相比，其功能可能不够全面，但其因占内存小、上手快、易于操作的优点，广受办公人士的喜爱。WPS 在使用过程中也可能出现各种问题，如鼠标指针不动，这时首先需要确定是否是鼠标硬件出现了问题，如果鼠标硬件没有问题，则要从软件方面进行维修。

通常这种情况是由鼠标驱动造成的，按"Win+R"组合键，在弹出的【运行】对话框中输入"devmgmt.msc"，单击【确定】按钮，打开设备管理器选择【鼠标和其他指针设备】，双击打开鼠标名称。选择【驱动程序】选项卡，单击【更新驱动程序】按钮，如图 17-8 所示。

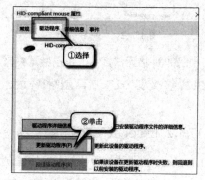

图 17-8　更新驱动

在弹出的对话框中选择【自动搜索更新的驱动程序软件】，等待更新完毕即可使用鼠标。

17.6 影音软件故障处理

>> 17.6.1 Windows Media Player 常见故障处理

1. 播放时出现断断续续的现象

【故障表现与诊断】：该问题通常是由于网速过慢造成的，可以通过适当增加缓冲的时间来解决。

【处理方法】：在 Windows Media Player 中选择【工具】→【选项】命令，弹出【选项】对话框，选择【性能】选项卡，在【网络缓冲】中选中【缓冲】单选按钮，根据不同的情况适当增加缓冲时间。

2. 无法播放网站上的音乐文件

【故障表现与诊断】：这是因为 Windows Media Player 的设置引起的。

【处理方法】：在 Windows Media Player 中选择【工具】→【选项】命令，弹出【选项】对话框，选择【播放机】选项卡，选中【连接到 Internet（忽略其他命令）（I）】复选框即可。

3. 无法播放 Windows Media Player 制作的音乐

【故障表现与诊断】：这是由音乐版权保护引起的。用 Windows Media Player 制作的音乐会记录本机上的一些信息，当操作系统环境或者硬件环境发生变化时，这些音乐就不能继续听了。

【处理方法】：在 Windows Media Player 中选择【工具】→【选项】命令，弹出【选项】对话框，选择【翻录音乐】选项卡，取消选中【对音乐进行复制保护】复选框即可。

4. 无法播放 DVD

【故障表现与诊断】：一些老版本的 Windows Media Player 没有安装 DVD 解码器，因此无法播放 DVD 影片。

【处理方法】：在购买 DVD 光驱时，一般都会附送一个 DVD 播放软件——PowerDVD，只要安装上 PoverDVD Windows Media Player 即能播放 DVD。

5. 提示"出现了内部应用程序错误"

【故障诊断】：这是由于在升级过程中一些 ActiveX 插件没有被系统识别和使用造成的。

【处理方法】：按"Win+R"组合键，在弹出的【运行】对话框中输入"regsvr32 jscript.dll"，按"Enter"键以同样的方法输入"regsvr32 vbscript.dll"，按"Enter"键即可。

>> 17.6.2 腾讯视频故障的一键处理

如果腾讯视频出现视频无法观看的情况，可以尝试用下面的方法进行修复。

打开腾讯视频，选择【选项】→【修复与反馈】命令，在弹出的【修复与反馈】对话框中选择遇到的问题的类型，并且单击【立即修复】按钮，如图 17-9 所示。

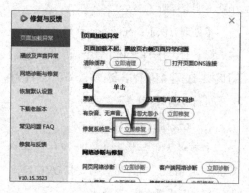

图 17-9　修复

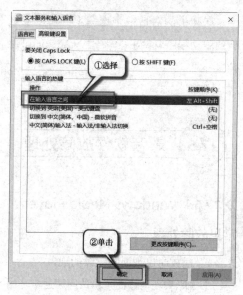

图 17-10　选择【在输入语言之间】

等待一段时间，当显示【修复成功】后，单击【确定】按钮，问题即可解决。

17.7　文字输入故障处理

≫ 17.7.1　输入法无法切换

（1）在 Windows 桌面左下角打开【Windows 搜索栏】，输入【编辑语言和键盘选项】，搜索并双击打开【Windows 语言】设置页面。

（2）选择【键盘】选项单击打开新页面，在页面中找到【语言栏选项】，单击后打开【文本服务和输入语言】对话框。

（3）单击【高级键盘设置】选项卡，在下方【输入语言的热键】窗口中选择【在输入语言之间】选项。

（4）单击【确定】按钮，即可解决故障问题，界面如图 17-10 所示。

≫ 17.7.2　输入法图标丢失

按"Win+R"组合键，弹出【运行】对话框，输入"ctfmon.exe"，按"Enter"键，原输入法图标就能在电脑桌面的右下角恢复。

如果采用上述方法并没有解决问题，那么可使用下面的方法：右击任务栏，在弹出的快捷菜单中选择【工具栏】→【语言栏】命令，即可解决问题，如图 17-11 所示。

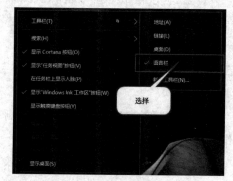

图 17-11　选择【语言栏】命令

≫ 17.7.3 搜狗输入法出现故障

右击输入法，在弹出的快捷菜单中选择【输入法修复】命令，弹出【修复器】对话框。单击【快速修复】按钮，等待修复完成，如图 17-12 所示。

图 17-12　　快速修复

若问题没有解决，则重复第一步，单击【手动修复】超链接。选择修复类型，等待显示修复完成后关闭界面，问题即可解决。

其他软件故障

≫ 17.8.1 杀毒软件故障处理

电脑杀毒软件有时会出现打不开的情况，首先需要分析是否是杀毒软件之间发生了冲突，如果电脑上装有两个或两个以上杀毒软件，则只留其中一个，问题即可解决。如果问题仍没有解决，可以尝试采用下面的方法排除故障：先断网，重启电脑，进入安全模式杀毒，如图 17-13 所示；再启动杀毒软件进行病毒查杀。

图 17-13　　安全模式

≫ 17.8.2 应用软件无法启动

应用软件无法启动的原因一般是其并行配置不正确，解决方法如下：按 "Win+R" 组合键，在弹出的【运行】对话框中输入 "services.msc"，单击【确定】按钮。在【服务（本地）】中找到 "Windows Modules Installer 服务"，查看其是否被禁用，如图 17-14 所示。

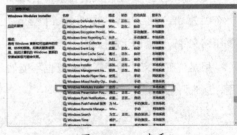

图 17-14　　查看

如果 "Windows Modules Installer 服务" 被禁用，则将其更改为【启动 - 手动】，之后重启电脑，重新安装软件，即可解决问题。

≫ 17.8.3 WinRAR 压缩软件故障处理

通常情况下，WinRAR 出现故障的情况有磁盘空间不足导致文件无法解压、压缩包内可能存在病毒、压缩软件设置的临时文件

路径不存在、文件损坏等。

打开 WinRAR 压缩软件，在 WinRAR 界面中选择【选项】→【设置】命令，在弹出的【设置】对话框中选择【路径】，单击【浏览】按钮，选择自己需要的路径，单击【确定】按钮，即可解决内存不足的问题。

当文件损坏时，可在 WinRAR 界面中单击【修复】按钮，如图 17-15 所示。

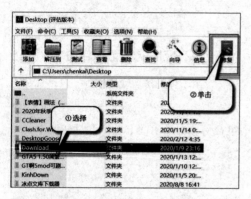

图 17-15　单击【修复】按钮

如果修复成功，则存放的目录下会增加一个名为 "rebuilt.*.rar" 或 "rebuilt.*.zip" 的压缩文件，此时即可解压缩。

但是，有些文件即使修复完成也不能使用，这时则需要重新下载该文件。

≫ 17.8.4　QQ 聊天软件故障处理

QQ 聊天软件的故障可以通过一些工具软件进行修复，下面给出使用"腾讯电脑管家"排除故障的方法。

安装"腾讯电脑管家"，然后双击图标打开软件。选择【工具箱】中的【系统】选项卡，单击【电脑诊所】，如图 17-16 所示。

图 17-16　选择【电脑诊所】

选择"QQ"，进入 QQ 专区，选中对应的问题类型并单击【确定】按钮，再单击【立即修复】按钮，修复完成后返回，问题即可得到解决。

第 18 章
网络故障诊断与排除

　　随着互联网技术的飞速发展，网络时代来临，电脑网络已经遍布世界各个角落，应用在各行各业，普及到千家万户。网络给人们带来了诸多便利，但有时也带来了一些麻烦，如电脑突然无法上网，安装路由器后却无法连接网络，打开浏览器时提示网页崩溃，等等。为了能够及时有效地诊断、排查网络故障，提高网络利用效率，我们有必要学习一些网络故障诊断与排查方法，以应对将来遇到的各种网络问题。基于此，本章对常见的网络故障和排查方法进行介绍，相信一定会对你有所帮助。

18.1　网络故障诊断思路

　　利用通信线路和通信设备将分布在不同地点的多台独立的电脑系统连接起来，即形成网络。一旦网络出现故障，用户可以从网络协议、网络硬件和软件等方面进行诊断。

18.1.1　网络类型

1. 网络的作用范围

　　网络从作用范围进行划分，可分为局域网、城域网和广域网。其中，局域网覆盖的范围比较小，是在局部地区范围内使用的网络；城域网连接距离可以在 10 ～ 100 千米，一般来说其范围为一个城市；广域网覆盖的范围从几十千米到几千千米，是连接不同地区局域网或城域网电脑通信的远程网。

2. 网络连接类型

　　目前常用的网络连接方式为基于网线的有线连接与基于 WiFi 技术的无线连接。

　　（1）网线连接

　　网线连接是指通过网线连接电脑及相关设备。常用的网线包括同轴电缆、双绞线与光纤。在网线连接中，同轴电缆目前用得比较少，光纤主要用于户外信息传输。目前，接入电脑端的网线多数为双绞线。目前市面上主流的网线包括五类网线、超五类网线、六类网线、超六类网线、七类线。

　　①五类网线：表皮一般标有 "CAT.5" 字样，支持百兆传输速率，传输的最高速率是 100Mb/s。该网线以前使用得比较多，目

前已经慢慢地被淘汰。

②超五类网线：表皮标有"CAT.5e"字样，支持的最高传输速率高达 1000Mb/s，一般用于 100Mb/s 的网络中，是网线的主力军。目前市面上流通的网线一般以超五类网线为主。

③六类网线：表皮标有"CAT.6"字样，支持千兆网络。随着目前千兆组网技术的流行，六类网线逐渐开始流行。

④超六类网线：表皮标有"CAT.6A"字样，经常称为 6A 线，是六类网线的改进版，其最大传输速率可达 1000Mb/s。超六类网线主要用于温度较高的特殊场合，其在 40℃ 时仍然能够达到六类网线 20℃ 时的性能。

⑤七类线：主要用于万兆网，传输速率可达 10Gb/s，从外观看，它们比常用网线粗很多，可以提供至少 500MHz 的综合衰减串扰比和 600MHz 的整体带宽。

（2）WiFi 连接

WiFi 是一种允许电子设备连接到一个无线局域网（Wireless Local Area Network, W-LAN）的技术。通常使用 2.4G 或 5G 射频频段。无线局域网通常是有密码保护的，但也可是开放的，这样就允许任何在无线局域网范围内的设备可以连接上该局域网。随着 WiFi 技术的不断进步，目前 WiFi 的应用已经得到极大发展，市场上有超过 30 亿台电子设备使用 WiFi 技术，涉及的领域越来越广泛。与传统的网线连接方式相比，WiFi 连接非常简便，非常适合移动办公；同时，它比一些传统的无线通信技术具备更高的传输速率，传送距离更远。

》 18.1.2 网络故障产生的原因

1. 按网络故障的性质划分

按性质划分，网络故障一般分为电脑物理硬件故障和电脑软件故障两类。

（1）电脑物理硬件故障：主要包括网线损坏、交换机等网络通信设备损坏、网络连接端口损坏等。

（2）电脑软件故障：主要包括网卡驱动错误、网络参数设置不当、网络的防火墙设置出现漏洞以及受到木马或病毒破坏等。

2. 按网络故障的对象划分

按对象划分，网络故障一般分为线路故障、主机故障和路由器故障。其中，线路故障最常见的情况就是线路不通，可通过 ping 命令进行故障检测；主机故障指主机的配置参数有误；路由器故障指路由器设备发生故障。

》 18.1.3 诊断网络故障的常用方法

常用的快速诊断网络故障的方法有以下几种。

1. 检查网卡

打开"设备管理器"，双击【网络适配器】，在展开的列表中右击选中的网络适配器名称，选择【网络适配器】属性命令，然后弹出网络适配器的【属性】对话框，如设备状态为【这个设备运转正常】，并且能在网络邻居中找到，则说明网卡配置正确，如图 18-1 所示。

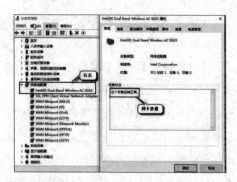

图 18-1　查看无线网卡是否畅通

2. 检查网卡驱动

打开"设备管理器"，展开【网络适配器】，如列表中有叹号或问号，则说明网卡驱动安装不正确或没有安装，此时需要删除不兼容的网卡驱动，重新安装网卡驱动程序。安装成功后，右击正在使用的网卡，在弹出的快捷菜单中选择【属性】命令，弹出【属性】对话框，选择【驱动程序】选项卡，查看和更新驱动程序。

3. 使用 ping 命令测试

使用 ping 命令测试网络是否连通的步骤如下。

（1）按"Win +R"组合键，弹出【运行】对话框，输入"cmd"，单击【确定】按钮，打开系统命令窗口。

（2）中输入命令"ping 192.168.1.1"，按"Enter"键执行，如图 18-2 所示，从返回信息可以看到数据包丢失 =0（0%），表示网络连接正常。

图 18-2　使用 ping 命令的结果

18.2　网络连接故障

18.2.1　宽带接入故障

【故障表现】：无法连接到互联网，无法正常登录网页、QQ 或微信等软件。

【故障分析】：问题可能出现在电源、端口、网线和账户信息方面。

【故障排除】：观察接入设备光猫（ONT）的指示灯情况，查看端口和网线，进行账号信息测试。

18.2.2　无法发现网卡

【故障表现】：电脑正在使用中，网络突然掉线，打开"设备管理器"，无法发现网卡驱动，但把网卡换到其他电脑上却没有出现该问题。

【故障分析】：网卡换到其他电脑上却没有出现该问题，说明此类故障发生在本机电脑上，可能是接口接触不良、操作系统部分文件损坏、网卡驱动或主板驱动损坏。

【故障排除】：重新安装操作系统，安装主板驱动和最新网卡驱动，更换网卡插槽。

18.2.3　网线故障

【故障表现】：使用局域网或家用网络的电脑相互访问时速度非常慢或无法连通。

【故障分析】：故障应该不是出自交换机，可以从网线和主机入手进行排查。

【故障排除】：首先，使用设备测试网线，查看网线是否按照 T568A 或 T568B 的标准制作。我们可以使用网线测试仪测试线路和水晶头是否正常。其次，测试网线后如果没有发现问题，则需要检查网卡是否有故障。测试网卡的方法是找一台上网正常的电脑，与有故障的电脑互相交换网卡，通过这种方法可以很容易确定是否为网卡故障。

》18.2.4 无线网故障

【故障表现】：一台笔记本电脑使用无线网上网，出现在某些位置可以上网，在另外一些位置却不能上网的情况，重装系统后该情况依然存在。

【故障分析】：可能无线网卡和笔记本电脑接触不良。

【故障排除】：拔下网卡后再安装。如果故障依然存在，则可能因为无线网卡受附近的电磁场干扰，因此应查看附近是否有大功率的电器、无线通信设备。如果有，则远离这样的设备或者把设备移走。远离干扰信号后如果还没有排除故障，则尝试换一个无线网卡进行测试。

(18.3) 浏览器的故障诊断及处理

我们很多时候都是通过浏览器访问网站，如果浏览器出现故障，我们就会无法浏览网页。日常使用的浏览器有很多种，如搜狗浏览器、Google 浏览器、360 极速浏览器等。这里以常用的 360 浏览器为例介绍较常出现的故障及解决方法。排除故障的思路可以推及其他浏览器。

》18.3.1 浏览器网页打开速度慢或卡死故障的处理

浏览器在使用时出现网页打开速度慢或出现卡死故障，系统却没有特殊提示，出现这类问题可能有多种原因，比如网络拥堵、内存资源占用太多等。

下面以搜狗浏览器为例给出这类问题的解决方法。

（1）关闭已经打开但无用的浏览器窗口，释放内存。

（2）在搜狗浏览器页面右下角找到 🔧 图标后单击，在弹出的【修复工具】对话框中默认为【快速修复】选项卡，单击【快速修复】按钮即可修复系统检测到的常见问题。

（3）也可根据需要选择手动修复。点击【修复工具】对话框左下角的【进入手动修复】，在弹出的进入【上网修复】选项卡中，勾选需要修复的问题前面的复选框，单击对话框右上角的【立即修复】，进行批量修复，具体如图 18-3 所示。

（4）点击【修复工具】对话框右下角的【升级浏览器】，将搜狗浏览器升级到最新版本。

图 18-3　搜狗浏览器手动修复工具

》18.3.2　浏览器无法浏览网页

在使用浏览器浏览网页时，有时很多内容都不显示，一直刷新网页，还是不显示。这种问题多数由于浏览器不兼容导致，这里以 360 浏览器为例，解决方法如下：打开 360 浏览器，在地址栏最右侧位置单击形如闪电的标志（浏览器显示模式切换功能按钮），把【极速模式】改为【兼容模式】，过程如图 18-4 所示。

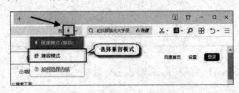

图 18-4　选择网页模式

》18.3.3　浏览器页面崩溃故障的处理

造成浏览器页面崩溃的原因有很多，可能是浏览器页面打开太多导致内存耗尽，或浏览器本身文件丢失或损坏，也可能是电脑中毒所致。下面以 360 浏览器为例说明解决方法。

（1）右击任务栏，在弹出的快捷菜单中选择【启动任务管理器】命令（或按"Ctrl+Alt+Delete"组合键），打开启动任务管理器"，结束 360SE.EXE 进程。

（2）关闭浏览器多余页面，升级浏览器版本，或通过执行浏览器修复工具修复浏览器，如 360 浏览器可以使用浏览器自带的"浏览器医生"进行修复。

（3）对电脑进行病毒与木马查杀，并对感染的文件进行隔离。

18.4　家用路由器故障的排除

随着网络时代的到来，路由器也走进千家万户，成为用户上网的常用设备。然而，路由器的连接经常发生各种故障，影响了人们对网络的使用体验。因此，有必要掌握路由器故障排除技巧，以便轻松应对使用路由器时出现的各种问题。

》18.4.1　路由器的指示灯

路由器的指示灯用于显示路由器的工作状态，许多路由器故障也可以通过路由器指示灯进行判断。不同厂家生产的路由器面板指示灯不尽相同，需要参照产品说明书进行判断。下面以 TL-WR841N 型号路由器为例说明指示灯的种类及其含义。

路由器指示灯通常可以分为 5 类，分别是 PWR 电源指示灯、SYS 系统指示灯、WLAN 无线状态指示灯、LAN 局域网状态指示灯与 WAN 广域网状态指示灯，如图 18-5 所示。

图 18-5　　路由器指示灯

图 18-7　　小米路由器 RESET 小孔

≫ 18.4.2　明确路由器默认设定值

要进行路由器的设置与管理，需要输入路由器背后的 IP 地址，以管理员权限登录（路由器的默认管理员账号与密码，以及路由器的设备识别号等信息可以参照路由器背面的标注，如图 18-6 所示）。

图 18-6　　路由器背面信息

2．软件复位方式

以管理员权限登录到路由器管理界面，在【系统工具】→【恢复出厂设置】中单击【恢复出厂设置】按钮，如图 18-8 所示。

图 18-8　　单击【恢复出厂设置】按钮

≫ 18.4.4　路由器摆放位置介绍

路由器能覆盖的极限范围大约是 300 米，其在发射信号时信号会被墙壁或者金属吸收一部分。所以，距离路由器越远，信号相对也会越来越弱。因此，想要最大化接收 WiFi 信号，路由器摆放的位置就特别重要。一般来说，路由器应该放在家里最中央空旷的位置，同时最好远离周边有干扰的电器。

≫ 18.4.3　路由器出厂设置的恢复方法

恢复出厂设置操作也称复位、还原、初始化等，可以让路由器恢复出厂默认设置。通常路由器的复位方式可分为硬件复位方式与软件复位方式。

1．硬件复位方式

路由器复位键有两种类型，即 RESET 小孔和 RESET 按钮，如图 18-7 所示。在通电状态下，按住 RESET 按钮或用回形针按住 RESET 小孔 5 ~ 8 秒，待系统状态指示灯快闪 3 下后，再松开，即完成路由器复位。

≫ 18.4.5　升级最新版本

登录路由器的设置页面，选择【固件升级】或者【软件升级】选项，按照页面提示操作即可，如图 18-9 所示，最后单击【升级】按钮。

图 18-9　　路由器固件升级

18.4.6 路由器的 DHCP 设置

DHCP（动态主机配置协议）的主要用途是自动管理局域网内的网络配置参数，提升 IP 地址的利用率，降低管理与维护成本。以管理员权限登录路由器管理界面，选择【DCHC 服务器】→【DCHC 服务】，在弹出的窗口中选中【启动】单选按钮，即可启动 DHCP 服务。

18.4.7 路由器 MAC 地址过滤设置

MAC 地址就是网卡的标识符（也称 ID），每一块网卡的 MAC 地址具有全球唯一性，与身份证号码类似。MAC 地址过滤则是指禁止（或允许）MAC 地址列表中的电脑上网，即在路由器上通过 MAC 地址控制局域网中的电脑的上网请求。

路由器 MAC 地址过滤设置方法如下。

以管理员权限登录路由器管理界面，选择【无线设置】→【无线 MAC 地址过滤】打开【无线网络 MAC 地址过滤设置】窗口，如图 18-10 所示，在禁止 MAC 地址访问本网络列表中添加要禁止的条码，这些设备即被过滤。

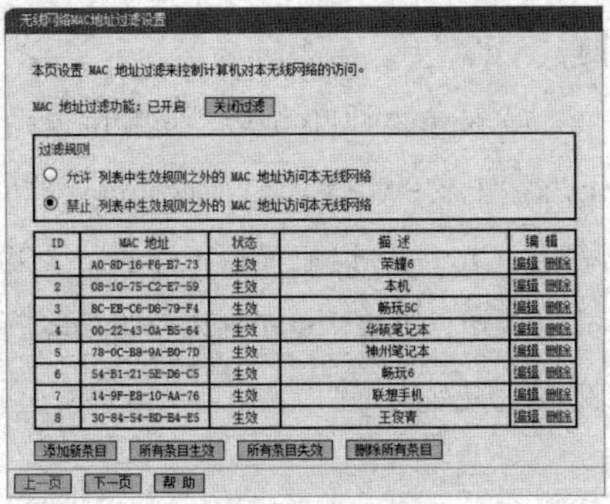

图 18-10 【无线网络 MAC 地址过滤设置】窗口

18.4.8 DNS 配置故障处理

使用电脑时如无法上网，提示 DNS 异常，则多数由于 DNS 配置错误导致，解决方法如下。

首先在浏览器上登录路由器网页，选择【WAN 口设置】，打开【WAN 口设置】窗口，设置"DNS 服务器"后，单击【保存】按钮即可。

18.4.9 忘记路由器密码和无线网络密码

如忘记路由器管理系统登录密码，可通过恢复出厂设置将路由器恢复成默认设置，再用默认的登录账户密码登录即可。

如果忘记了无线网络密码，可使用有线连接打开电脑，单击【无线安全设置】按钮，在弹出的【无线安全设置】对话框中进行安全认证选项设置，其中 PSK 密码就是无线网络密码，输入新密码后，单击【保存】按钮。

18.5 局域网故障诊断与排除

随着信息化程度的不断提高，大多数企事业单位建立了自己的内部局域网，既可实现内部网络化办公，又可以使局域网中的电脑通过局域网连接到因特网上。局域网具有便捷、传输速率高和可资源共享等多项优点，但在局域网的使用过程中也不可避免地会出现各种网络故障。

》18.5.1 电脑网卡指示灯的故障诊断

网卡后侧有两个指示灯，它们分别为连接状态指示灯和信号传输指示灯，正常状态下连接状态指示灯呈绿色并且长亮，信号传输指示灯呈红色，正常应该不停地闪烁。

如果连接状态指示灯不亮，那么表示网卡与 HUB 或交换机之间的连接有故障。如果信号传输指示灯不亮，说明没有信号进行传输，此时可以使用替换法将连接电脑的网线换到另外一台的电脑上试试，或者使用测试仪检查是否有信号传送。对于一些使用了集成网卡或质量不高的网卡的电脑，可以将网卡禁用，然后重新启用，也会起到意想不到的效果。

》18.5.2 网卡驱动程序异常

网卡是靠网卡的驱动来完成工作的，网卡驱动异常会导致上网出现问题。检查和修复网卡驱动异常的方法如下。

若在 Windows 下无法正常联网，则打开"设备管理器"，查看"网卡适配器"的设置，若网卡驱动程序左侧有黄色感叹号标记，则表示网卡驱动异常。网卡驱动异常通常可以通过更新驱动程序的方法来修复。

》18.5.3 网络协议故障

导致网络协议故障的原因可能是网络协议安装错误或网络协议设置错误，如电脑 IP 地址、子网掩码、默认网关和 DNS 服务器 IP 地址设置错误等。针对网络协议故障，可

采用下面的步骤进行排除。

（1）检查是否已正确安装 TCP/IP 协议。按"Win +R"组合键，弹出【运行】对话框，输入"ping 127.0.0.1"，如果获得的 ping 命令超时或者数据包丢失，则说明 TCP/IP 协议安装不正确。

（2）检查 TCP/IP 协议是否出现在协议列表。打开"控制面板"，选择【网络和因特网】→【网络和共享中心】→【更改适配器设置】超链接，打开【网络连接】窗口，右击网络连接名称，在弹出的快捷菜单中选择【属性】命令，查看【因特网协议版本 6（TCP/IPv6）】和【因特网协议版本 4（TCP/IPv4）】复选框是否选中，如果没有选中，则选中后单击【确定】按钮。

（3）检查电脑能否正确识别连接信息。如果问题仍然存在，则继续下面的步骤。按"Win +R"组合键，弹出【运行】对话框，输入"CMD"命令，单击【确定】按钮，在弹出的 DOS 窗口中输入"ipconfig"命令，按"Enter"键，可以查看该电脑机 IP 配置情况，包括 IPv4 地址，IPv6 地址、子网掩码和默认网关信息，其中子网掩码以 255 开头，默认网关应当与电脑 IP 地址在同一个子网。

（4）ping 本地 IP 地址。使用 ping 命令 ping 本地电脑的 IP 地址，如果 ping 成功，则说明 TCP/IP 协议配置是正确的；如果没有 ping 成功，则可尝试更新网络驱动或重新安装网络协议。

18.6 网络应用中常见故障的排除

18.6.1 验证码图片不显示

在使用浏览器登录某个系统时常常需要输入验证码，但有时网页无法显示验证码，此时可以按下面的步骤进行处理。

（1）检查是否为网速问题。改变网络的DNS或通过刷新方式查看是否能显示验证码。

（2）检查是否为浏览器兼容问题。采用不同的浏览器进行测试，如使用的是360浏览器，则可以换成Google浏览器。

（3）检查是否是由于浏览器安全级别设置不当导致。点击浏览器菜单中的【工具】→【Internet 选项】命令，弹出【Internet 属性】对话框，选择【安全】选项卡，单击【自定义级别】按钮，在弹出的【安全设置-Internet 区域】对话框中启用，【对标记为可安全执行脚本的 ActiveX 控件执行脚本】和【对未标记为可安全执行脚本的 ActiveX 控件初始化并执行脚本】，同时启用【允许 Scriptlet】，在【重置自定义设置】中将安全等级设置为【中】，单击【确定】按钮保存。

18.6.2 网页显示不完整

打开网页无法显示图片或者网页页面不完整可能是由多种原因引起的。如遇到这种问题，可以采用下面的方法进行修复处理。

（1）重启路由器，看是否能解决问题。

（2）更换浏览器进行测试，查看网站是否有浏览器兼容问题。

（3）清空浏览器缓存内容及保存历史记录等残留页面。以搜狗浏览器为例，单击浏览器右上角的▤图标，在展开的菜单中单击【清除浏览记录】，在弹出的对话框中勾选要清除项目的复选框，单击【立即清除】按钮即可完成清除。

18.6.3 网络视频不能播放

平时在浏览网页时，会遇到视频无法显示和播放的问题。网页视频无法正常打开或播放的主要原因就是 Flash Player 插件出现问题，所以遇到这种问题时，可以直接搜索"Flash Player"下载并安装即可。

18.6.4 主页被锁定

上网时经常会遇到一些恶意程序来锁定或更改我们的浏览器主页，下面以搜狗浏览器为例说明该问题的解决方法。

（1）进行病毒与木马查杀，修复系统。

（2）查看浏览器路径中有没有被修改的参数，如果浏览器路径后带有一段网址，则将其删除。

（3）尝试手动更改浏览器主页，单击浏览器右上角的▤图标，在展开的菜单中单击【选项】，在展开的【选项】→【基本设置】页面中找到【主页】，更改主页网址。

（4）借助一些工具软件进行浏览器修复，如电脑安全卫士等。